Melanie Heinrichsen Ariane König Nadine Minkner

Longiersport für Hunde

Runde für Runde die Bindung vertiefen

KOSMOS

Ein bisschen Theorie 5

Longieren mit Hunden – was ist das? 6
Das Prinzip: Distanz schafft Nähe 6
Wünschenswerte Nebenwirkungen 8
Wer kann Longieren? 10
Das Wo und Womit 11

Jetzt legen wir los – aber ohne Hund! 15

Einen Kreis aufbauen 16
Trockenübungen ohne Hund 18

Erste Schritte mit dem Hund 31

Das Ziel: Hund außen – Mensch innen 32
Das Spiel beginnt 32
Desinteresse und Blickkontakt 35
Das Belohnungssystem 36
Stopp/Sitz 38
Der richtige Moment für eine Pause 39
Troubleshooting – was tun, wenn es nicht klappt! 40

Die nächsten Übungsschritte 49

Richtungswechsel aus dem Sitz 50
Richtungswechsel aus der Bewegung 56
Longieren ohne Leine 60
Das Handling der Schleppleine 64
Distanzvergrößerung 67
Die komplette Distanz 71
Bekannte Übungen in neuer Situation 74

Jetzt legen wir einen Gang zu! 79

Tempowechsel und Gangarten 80

Spielvarianten 95

Gemeinsamer Start aus der Kreismitte 96
Tricks und Varianten, die Spaß machen 104
Hürden, Tunnel, Slalomstangen 105
Gezielt Ablenkungen einführen 107
Das Longieren an mehreren Kreisen 110

Service 121

Über die Autorinnen 122
Zum Weiterlesen 123
Nützliche Adressen 125
Register 126

Ein bisschen Theorie

Longieren mit Hunden – was ist das?

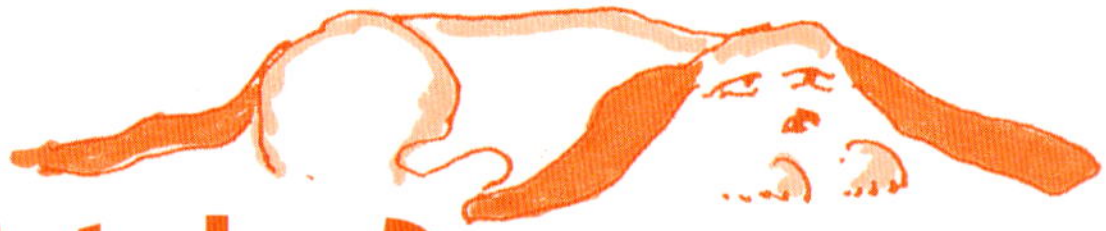

Bei dem Begriff „Longieren" denken die meisten von uns an Pferdesport. Ein Pferd geht an einer langen Longe im Kreis, ein Mensch steht in der Mitte des Kreises und lässt das Pferd verschiedene Gangarten laufen.

Seine ursprüngliche Bedeutung hat das Wort „longieren" nun auch tatsächlich im Pferdesport. „Ein Pferd an einer Longe (= lange Laufleine für Pferde) im Kreis laufen lassen" – so die Erklärung in verschiedenen Fremdwörterbüchern.

Das Prinzip: Distanz schafft Nähe

Beim Longieren mit Hunden läuft der Hund außen an der Kreismarkierung eines abgesteckten Kreises entlang. Seine gesamte Aufmerksamkeit richtet er dabei nicht nach vorne, sondern auf seinen Hundeführer, der sich im Inneren des Kreises befindet. Der Mensch gibt seinem Hund Sicht- und Hörzeichen, die der Hund aufmerksam wahrnimmt und umsetzt.
Wie sich ein solcher Kreis zum Beispiel mit Flatterband und Heringen leicht abstecken lässt, erläutern wir im Abschnitt „Einen Kreis aufbauen" (S. 16).

Der im herkömmlichen Longiertraining oft auch als „Tabuzone" bezeichnete Kreis schafft eine räumliche Distanz zwischen Ihnen und Ihrem Hund. Sie werden jedoch erleben, wie sich eine magische Verbindung einstellt, wenn Ihr Hund jenseits des Kreises bleibt und doch mit seiner Aufmerksamkeit ganz nah und nur bei Ihnen ist. Wir verstehen diese „Tabuzone" eher als eine grundlegende Spielregel, die eingehalten werden muss, damit das Spiel überhaupt funktioniert und nie langweilig wird.
Aus dieser vermeintlich einfachen Ausgangssituation lassen sich verschiedene Spielvarianten ableiten. So kann beim Longieren mit Hunden schon sehr schnell auf die „Longe" verzichtet werden, weil die intensive Kommunikation zwischen Mensch und Hund ein unsichtbares Band zwischen beiden entstehen lässt.

Nicht nur Pferde können longiert werden!

Longieren ist abwechslungsreich!

Wer nun denkt, dieser Hundesport bestehe darin, dass der Hund stupide Runden im Kreis läuft, liegt falsch. Ganz im Gegenteil!
Über spontane Richtungswechsel, verschiedene Gangarten, am Kreis ausgeführtes SITZ, PLATZ, STEH, bis hin zu verschiedensten Tricks, eingebauten Hürden, dem Longieren mit mehreren Hunden und schließlich der Verkettung zweier und mehrerer Kreise sind den Abwechslungsmöglichkeiten keine Grenzen gesetzt – außer der Kreisbegrenzung, die jedem Spieler seinen Aktionsraum zuweist.

Wünschenswerte Nebenwirkungen

Longieren mit Hunden ist, wie es hier beschrieben wird, ein Sport, eine Freizeit- und Beschäftigungsmöglichkeit mit dem Hund. Ganz nebenbei ergibt sich aus dem Longiertraining für viele Mensch-Hund-Teams jedoch auch eine ganz neue Beziehungsqualität.

Auf einem alltäglichen Spaziergang ziehen unzählige Angebote das Interesse des Hundes auf sich: spannende Gerüche, andere Hunde und Menschen – alles, was Feld, Wald, Wiese, Wasser oder auch die Großstadt für den Hund bereithalten, locken seine Aufmerksamkeit. Wir Menschen müssen uns oft, und trotzdem viel zu oft erfolglos, alles Mögliche einfallen lassen, um das Interesse unseres Hundes auf uns zu lenken. Der Fokus des Hundes ist meist viel stärker nach außen gerichtet, von uns weg, als nach innen, auf uns zu.

Longieren macht den Menschen interessant

Im Laufe des Longiertrainings ändert sich diese Situation sowohl für den Hund als auch für den Menschen. Die für die meisten Hunde neue Erfahrung mit einer „Komm-nicht-näher-aber-bleib-ganz-bei-mir"-Beziehung, steigert das Interesse des Hundes an seinem Menschen ungemein.

Uns Menschen ermöglicht das Longieren das Erlebnis eines intensiven Miteinanders mit unserem Hund, vorausgesetzt, wir senden die entsprechenden, richtigen Signale aus. Der Kontakt ist leise, wortlos – wenn wir das möchten. Der Hund kreist um seinen Menschen.

Für diesen Hund gibt es in diesem Moment nichts Interessanteres als seine Hundeführerin – im Inneren des Kreises.

Die Entscheidung, sich so sehr für den Menschen zu interessieren, fällt der Hund ohne Zwang. Er hätte doch jederzeit die Möglichkeit, wegzulaufen, denn Longieren mit dem Hund ist letztendlich ein Longieren ohne Longe – und trotzdem orientiert sich der Hund freudig, erwartungsvoll an seinem Menschen.

Longieren lastet körperlich und geistig aus

Der Hund wird hierbei sowohl körperlich als auch geistig herausgefordert und ausgelastet. Er erfährt durch die Eindeutigkeit der menschlichen Signale eine sichere Orientierung. Nicht nur die klare Rollenverteilung, auch das Prinzip von Führen und Folgen entspricht den Instinkten des Hundes.

Longieren ist also alles andere als ein stupides Kreislaufen. Abwechslungsreiche, für den Hund unvorhersehbare Aufgaben führen diesen immer wieder zur Belohnung. So stellt dieser Sport auch für den Hund, dessen natürliches Laufbedürfnis erfüllt wird, eine spannende, gemeinsame Aktion darstellt. Selbst verführerische Ablenkungen können dieses Zusammenspiel nicht mehr stören.

Longieren erhöht die Konzentration des Hundes

Immer wieder konnten wir im Longiertraining beobachten, wie schnell sich auch bei anfangs eher bindungsarmen oder extrem ignoranten Hunden eine aufmerksame Konzentration auf den Hundeführer einstellte.

Diese bindungsintensive Kommunikationsform hinterlässt natürlich nicht nur im Longierkreis ihre Spuren. Auch auf gemeinsamen Spaziergängen oder bei anderen sportlichen Aktivitäten mit dem Hund zeigen sowohl der neue Fokus des Hundes als auch das bewusste Umgehen mit der eigenen, menschlichen Körpersprache ihre Auswirkungen.

Der Hund richtet seine ganze Aufmerksamkeit auf seinen Menschen.

Ein wenig Hintergrundwissen

Das Longieren mit Hunden ist eine relativ junge, aber derzeit boomende Hundesportart.

- In den 60er-Jahren wurden skandinavische Polizeihunde longiert, um ihre Kondition zu steigern. Dieses Ausdauertraining war nicht zuletzt deshalb äußerst effektiv, weil der Hund auf kleinem Raum große Strecken in jeweils vorgegebenen Laufgeschwindigkeiten, bzw. Gangarten zurücklegte.
- Seit Mitte der 80er-Jahre praktizierte der Schweizer Ausbilder Hans Schlegel das Kreislongieren und Freilongieren als eine Methode zur Therapie von verhaltensauffälligen Hunden.
- Thomas Baumann widmet 2008 in seinem Buch: „Ich lauf schon mal vor ..." ein Kapitel dem Longieren mit Hunden. In seinen Darstellungen wird besonders der bindungsintensivierende Effekt als Therapie- bzw. Trainingsmöglichkeit für sehr schwierige, verhaltensauffällige Hunde betont.

Wer kann Longieren?

Die Voraussetzungen, die das Longieren an Hunde stellt, liegen nahezu bei Null. Was den Ausbildungsstand, das Alter, die Rasse, die Größe des Hundes betrifft, so sind dem Longieren diesbezüglich keine Grenzen gesetzt. Auch bewegungseingeschränkte Hunde können, ihren Möglichkeiten entsprechend, langsam und schonend longieren.

So ist auch Taubheit beim Hund kein Hinderungsgrund für das Longieren. Die Sicherheit des immer gleichen Settings und die Möglichkeit, sich allein über körpersprachliche Sichtsignale am Menschen zu orientieren, lässt auch gehörlose Hunde das Longieren genießen. Dem gehörlosen Hund wird so eine große Bandbreite an Bewegungsmöglichkeiten angeboten. Gleichzeitig intensiviert die Konzentration auf nonverbale Zeichen auch für diese Mensch-Hund-Teams gegenseitiges Vertrauen und Aufeinander-Achten.

Was die körperliche Auslastung des Menschen angeht, so fordert das Longieren besonders in den Trainingsanfängen einige zurückzulegende Meter. Da der Mensch seinen Hund anfangs an der Kreismarkierung entlang begleitet, legt

Longieren eignet sich für Hunde aller Größen und Gewichtsklassen.

er die gleiche Strecke zurück wie der Vierbeiner. Je größer dann später die Distanz wird, je mehr sich der Mensch also der Kreismitte annähert, desto weniger muss er laufen.
Für den Menschen stellt beim Longieren vielmehr die eigene Körpersprache sowie die Koordination von Gesten und Bewegungsabläufen eine Herausforderung dar.

Das Wo und Womit

Der geeignete Untergrund Suchen Sie sich für Ihren Longierkreis eine ebene Fläche mit weichem Boden, die frei ist von Löchern oder ähnlichen Stolperfallen. Harte Böden wie Asphalt sind für das Longieren ungeeignet. Das ausdauernde Laufen auf einem zu harten Untergrund würde die Gelenke Ihres Hundes unnötig belasten. Auch glatte oder matschige, feuchte Böden bieten sich nicht an, da der Hund auf ihnen leicht ausrutschen könnte.

Der Longierkreis Der Durchmesser des Longierkreises sollte mindestens 10 bis 15 Meter betragen. Nach oben ist diese Angabe jedoch relativ offen. Einem sehr großen Hund muss auch ein entsprechend weiträumiger Kreis angeboten werden, da das dauerhafte Laufen in zu engen Kurven für ihn zu einem Problem werden könnte.

Ein Flatterband an acht Befestigungspunkten bildet diesen Longierkreis mit einem Durchmesser von zehn Metern.

Auch eine Freilauffläche in einem öffentlichen Park eignet sich für eine Longierrunde.

Die richtige Umgebung Die Longiersituation ist für Ihren Hund noch unbekannt und er muss mit einer Reihe neuer Spielregeln vertraut gemacht werden. Aus diesem Grund sollten Sie für Ihre ersten Longiereinheiten einen möglichst ablenkungsarmen Ort aussuchen.

Utensilien für den Menschen

Die richtige Kleidung Der Einsatz von Körpersprache im Longiertraining stellt gewisse Anforderungen an Ihre Kleidung. Tragen Sie keine zu weite Kleider, die Ihre Körperhaltung verdecken könnte. Auch wehende, offene Jacken erschweren Ihrem Hund, Ihre Signale richtig wahrzunehmen.

Clicker Den Hund mit einem Clicker zu bestätigen, hat sich in der Longierpraxis als Belohnungssystem sehr bewährt. (Im Kapitel „Trockenübungen ohne Hund" werden wir auf den Sinn und Zweck dieses Belohnungssystems näher eingehen.) Nichtsdestotrotz können Sie natürlich anstelle eines Clickers auch mit einem entsprechenden Markerwort arbeiten.

Leckerlis Definitiv unverzichtbar aber sind unserer Überzeugung nach besonders schmackhafte, weiche Leckerlis. Weich sollten sie deshalb sein, weil der Hund sie dann leichter schlucken kann. Durch das Zerkauen harter Hundekekse wird zum einen der Longierfluss gestört, da der Hund mit Fressen beschäftigt ist. Zum anderen kann es passieren, dass Krümel zu Boden fallen, die der Hund schnüffelnd vom Boden aufsammelt.

Dies sollte aus später noch zu erläuternden Gründen unbedingt vermieden werden.
Als Behältnis für die Leckerlis können Sie natürlich die linken und rechten Seitentaschen Ihrer Kleidung benutzen. Diese Idee ist gar nicht schlecht, da das Futter auf diese Weise völlig aus dem Blickfeld des Hundes verschwunden ist.
Eine Alternative stellt eine Bauchtasche dar. Ein Leckerchenbeutel ist dann nicht empfehlenswert, wenn er nur seitlich getragen werden kann. Zu groß wäre für Ihren Hund die Verlockung, immer nur auf diesen Leckerchenbeutel zu starren, der in so unmittelbarer Nähe seiner Nase hängt.

Bauchtasche, weiche Leckerlis, Clicker und Leine aber auch diverse Spielzeuge zum Werfen und Zerren sind sinnvolles Zubehör.

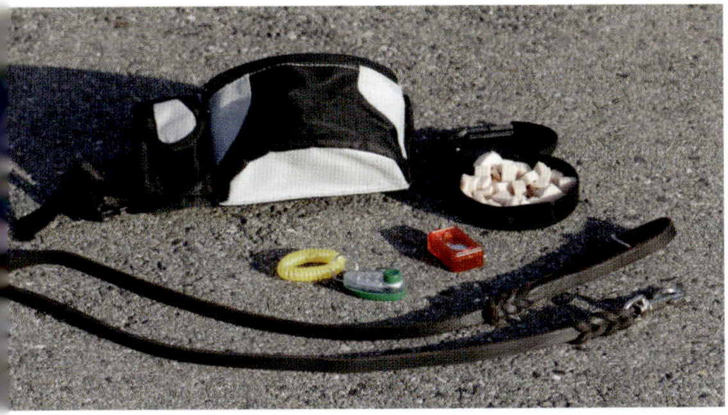

Spielzeug Für den Tempowechsel in den Galopp oder auch zum Animieren unmotivierter Hunde benutzen wir ein Spielzeug. Dies sollte relativ klein, einteilig und weich sein, damit der Hund gut an ihm zerren kann, wir Menschen es aber auch leicht in der Tasche oder am Gürtel verstauen können.

Utensilien für den Hund

Halsband Beim Longieren an der Leine sollten Sie Ihren Hund immer an einem Halsband und nicht an einem Geschirr führen. Der Ring des Halsbandes hängt unten, am Hals bzw. der Kehle des Hundes. Wenn Sie hier den Karabiner der Leine einhaken, wird Ihr Hund in seinen Lauf- und Wendebewegungen nicht gestört. Da Sie die Leine bei einem Geschirr jedoch immer am Rücken des Hundes einhaken, würde er beispielsweise bei einem Richtungswechsel zwangsläufig vor die Leine stoßen. Gleiches passiert, wenn Sie den Ring des Halsbandes in den Nacken des Hundes drehen und die Leine hier befestigen.

Leine Als Führungshilfe für die kurze Distanz dient Ihnen eine ganz normale, ca. 2 Meter lange Leine. Für die größere Distanz nutzen Sie bei Bedarf eine möglichst runde oder sehr schmale Schleppleine (Longe), die lang genug ist, um Ihren Hund vom Kreismittelpunkt aus zu führen.
Wenn Sie eine solche Schleppleine nicht im Haus haben, warten Sie noch etwas mit der schnellen Anschaffung. Viele Hunde brauchen im Longiersport nach den ersten Trainingseinheiten gar nicht mehr angeleint zu werden.
Es ist unbenommen, dass Sie und Ihr Hund auch mithilfe einer Schleppleine alle Vorzüge des Longierens genießen können. Vielleicht werden Ihnen unsere Hinweise und Tipps jedoch ermöglichen, auch mit Ihrem Hund früher oder später auf die Leine verzichten zu können.

Mehr brauchen Sie für Ihren Longierkreis nicht: Flatterband, kurze Stangen und als Alternative ein paar Markierhütchen.

Utensilien für den Kreisaufbau

Die Kreismarkierung bauen wir mit Flatterband auf. Wenn Ihr Kreis einen Durchmesser von 10 Metern hat, ergibt sich ein Umfang von etwas mehr als 31 Metern. Planen Sie ruhig etwas mehr Flatterband ein, da Sie es an 8 bis 10 Heringen befestigen müssen. Alternativ zu diesen handelsüblichen Zeltheringen können Sie auch nicht zu lange Stangen oder Pflanzstäbe nehmen. Ein Gummihammer hat sich als Werkzeug zum Einschlagen der Heringe oder Stangen bewährt.
Die Halterungen für das Flatterband sollten keinesfalls zu hoch sein. Beim Longieren mit Leine würde diese nämlich immer wieder an den zu hohen Stangen hängen bleiben. Auch das Füttern zur Bestätigung des Hundes könnte durch solche Halterungen behindert werden.
Nicht zuletzt soll gewährleistet sein, dass der Hund seine Longierrunden ungehindert laufen kann, ohne über herausstehende Kanten, Füße, Gestänge o. Ä. zu stolpern.

Jetzt legen wir los – aber ohne Hund!

Einen Kreis aufbauen

Wir gestalten den Aufbau des Longierkreises so einfach wie möglich, damit komplizierte Vorarbeiten nicht bereits im Vorfeld die Lust auf eine weitere Trainingseinheit schmälern.

Die Markierungen

Beginnen Sie mit dem Abstecken der Markierungen in der Mitte der Ihnen zur Verfügung stehenden Fläche.
Hier schlagen Sie einen Hering oder Ähnliches in den Boden und befestigen daran eine Schnur, die so lang ist, wie der Radius des Kreises, den Sie markieren wollen. Für einen Kreis von 10 Metern Durchmesser muss Ihre Schnur also 5 Meter lang sein. Wenn Sie sich jetzt um die Länge Ihrer Schnur von Ihrem Kreismittelpunkt entfernen, schlagen Sie hier Ihren ersten Hering oder Ihre erste Stange für die äußere Kreismarkierung in den Boden. Insgesamt sollten Sie 8 bis 10 Heringe oder Stangen als Befestigungspunkte für das Flatterband in den Boden stecken. Ihre 5-Meter-Schnur hilft Ihnen dabei, jeden weiteren Hering im Abstand von 5 Metern zum Kreismittelpunkt zu fixieren. Für die Markierung

So hat das Flatterband die richtige Höhe für den Mops.

Für ihn sollte das Band anfangs auch auf Schulterhöhe angebracht werden.

benötigen Sie 32 bis 33 Meter Flatterband. Vergessen Sie nicht, den Hering aus dem Kreismittelpunkt anschließend wieder zu entfernen, damit Sie während des Longierens nicht über ihn stolpern.

Jetzt brauchen Sie nur noch das Flatterband an den Stangen zu befestigen, und schon steht Ihr Longierkreis.

Die Höhe der Kreismarkierung

Die Höhe, des Flatterbandes richtet sich in den Longieranfängen nach der Größe Ihres Vierbeiners: Orientieren Sie sich an der Schulterhöhe Ihres Hundes. Je mehr Erfahrung Sie und Ihr Hund als Longier-Team haben, desto niedriger kann das Flatterband werden. Bis, wie wir es im Kapitel „Spielvarianten" darstellen, ganz auf die Kreismarkierung verzichtet werden könnte.

Mithilfe einer fünf Meter langen Schnur stecken Sie den Radius Ihres Kreises ab. Stecken Sie auf diese Art acht bis zehn Befestigungsstangen in den Boden.

Trockenübungen ohne Hund

Wenn Sie Longierneuling sind, empfehlen wir Ihnen, die ersten Schritte nicht mit Ihrem Hund, sondern mit einem Menschen auszuprobieren, der für Sie die Hunderolle spielt.

Geben Sie eindeutige Signale

Beim Longieren mit Hund ist die Körpersprache von immenser Wichtigkeit. Da hier sehr schnell ungewollt falsche Signale ausgesendet werden können, sollten Sie sich Ihrer eigenen Körpersprache zunächst bewusst werden. Klären Sie für sich am besten schon im Vorfeld, in welcher Situation Sie welches Signal aussenden oder auszusenden beabsichtigen.

Doch nicht nur die nonverbale Kommunikation, auch akustische Signale können beim Longieren leicht zu vermeintlichen „Fehlern" des Hundes führen. Was würden Sie als Hund beispielsweise tun, wenn Ihr Mensch Ihnen das Kommando „Komm, weiter" gibt? Ein KOMM ist genau das Kommando, das Sie vermeiden sollten, wenn Sie Ihren Hund auf räumliche Distanz halten möchten. Erleichtern Sie sich den Einstieg mit Ihrem Hund dadurch, dass Sie selbst vor dem Trainingsbeginn die Wirkung Ihrer eigenen Signale und Kommandos kennen lernen. Das gelingt in der Tat am besten, wenn Sie sie sozusagen am eigenen Leib erfahren. Legen Sie sich auf

Üben Sie den Einsatz Ihrer Körpersprache zunächst mit einer Hilfsperson.

konkrete Worte und Gesten fest, die Sie in den jeweiligen Situationen für klar definierte Ziele verwenden möchten. Diese Vorarbeit lohnt sich auf jeden Fall, denn sie beugt Missverständnissen und Frustrationen vor, die Sie sonst mit Ihrem Hund erleben würden. Der dann fällige Abbau von Fehlern kann mitunter schwierig und langwierig sein.

Ein Hund reagiert unmittelbar. Ein KOMM ist ein KOMM. Auch der Name des Hundes wird diesen dazu einladen, zu seinem Menschen zu kommen. Versuchen Sie, sich in diese unmittelbare Wahrnehmung der Dinge hineinzuversetzen. Wenn die Körpersprache Ihres Menschen Sie veranlasst, motiviert und aufmerksam neben ihm herzulaufen,

Mit eindeutigen Signalen erzielen Sie die erwünschte Wirkung.

Unklare Signale führen zu unerwünschten Reaktionen.

Rollenspiele

Unsere Bitte an den Hundedarsteller ist: Reagieren Sie auf alle Signale, die der Mensch aussendet, ohne über deren Bedeutung nachzudenken.

tun Sie genau das. „Bügeln“ Sie aber bitte unklare Signale Ihres Menschen nicht aus, weil Sie als Mensch wissen, wie sie gemeint sind: Wenn Sie sich gebremst, gelockt, getrieben, gestoppt oder auch

einfach gelangweilt fühlen, zeigen Sie genau die entsprechenden Reaktionen und Bewegungen. Springen Sie freudig und in fester Überzeugung, das Richtige zu tun, über die Kreismarkierung auf Ihren Menschen zu, wenn dieser Sie durch Worte oder Handzeichen dazu einlädt – und reagieren Sie ruhig menschlich, wenn Ihnen Ihr Mensch ungerechtfertigt Ärger macht.
Nicht nur um jetzt eventuellen Streitigkeiten zwischen Mensch-Mensch und Hund-Mensch vorzubeugen, sondern auch, um beiden zu ermöglichen, die Perspektive des jeweils anderen einzunehmen, schlagen wir Ihnen einen regelmäßigen Rollentausch vor. Probieren Sie es aus.

Wir starten

Um bei dieser Gelegenheit direkt von Anfang an das Handling der Leine kennen zu lernen, sollte der Hundedarsteller angeleint werden – beispielsweise an der Gürtelschnalle. Es wäre für ihn ungünstig, das Ende der Leine in der Hand zu halten, weil er diese dann bei jedem Richtungswechsel in die jeweils andere Hand nehmen müsste.
Führen Sie Ihren „Hund“ an den Kreis, und stellen Sie ihn außerhalb des Kreises an die Kreismarkierung. Benutzen Sie bitte das Kommando SITZ, denn Ihr „Hunde-Hund“ wird später aus dem Sitzen das Training beginnen. Erst wenn Ihr Hundeschauspieler in Position gebracht ist, gehen Sie selbst in den Kreis

Auch der gemeinsame Start sollte im Vorfeld probiert werden.

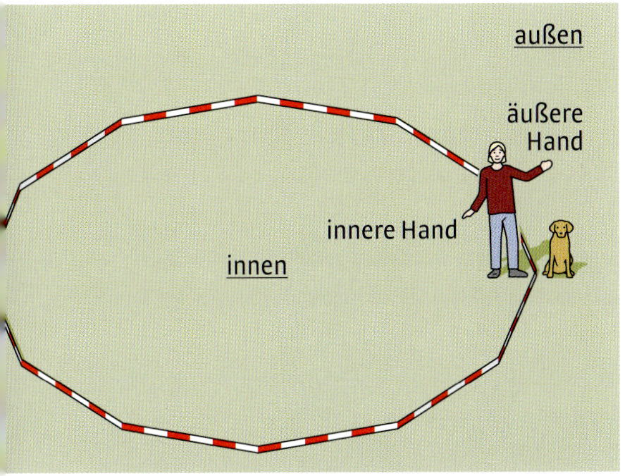

Immer wieder verwenden wir in unseren Beschreibungen die Begriffe „innen", „außen", „innere Hand" und „äußere Hand". Um Missverständnisse zu vermeiden, soll diese Grafik die Begriffe der Einfachheit halber bildlich erläutern.

und stellen sich ihm gegenüber. Bleiben Sie zu Anfang auf jeden Fall nah an der Kreismarkierung, die sich ab jetzt immer zwischen Ihnen und Ihrem „Hund" befindet. Zumindest so lange, wie alle Spieler die Spielregeln einhalten.
Versuchen Sie nun, Ihren Hundedarsteller in Bewegung zu setzen. Benutzen Sie ein einfaches, klares Wort, das noch nicht für ein anderes Kommando benutzt wird. Wir verwenden das Kommando LINKS. Da unsere Hunde daran gewöhnt sind, dass sie bei dem Kommando BEI FUSS an der linken Seite des Menschen gehen, beginnen wir das Longiertraining genau mit der anderen Seite. So vermeiden wir, dass unser Hund das Longieren als eine neue Variante des Bei-Fuß-Gehens missversteht und fortan doch dauerhaft die Nähe zu unserem Bein sucht, wie er es beim Fußlaufen gelernt hat.
Auf ein gesondertes Startkommando wie LOS/LINKS oder GO/LINKS verzichten wir im Training aus folgendem Grund: Für den Hund bedeutet nicht allein ein akustisches Startsignal den Beginn eines Verhaltensmodus'. Für ihn stellt bereits das gemeinsame An-den-Kreis-Herangehen ein Ritual dar, das ihm signalisiert, „Jetzt beginnt das Longieren". Wenn wir ihm dann zum ersten Mal die Richtung anzeigen, ist dies kein Anfang, sondern ein Kommando in einer bereits laufenden Verhaltenseinheit.
So geben Sie Ihrem Hundedarsteller das Kommando LINKS und wenden sich nach links, der „Hund" läuft an Ihrer rechten Seite.
Zusammen mit dem gesprochenen Wort zeigen Sie Ihrem „Hund" eine deutliche, einladende Körperbewegung in die entsprechende Richtung. Führen Sie zur Verstärkung dieses Körpersignals eine gut sichtbare, also weiträumige Geste mit dem linken Arm aus, der in die Richtung weist, in die Sie gehen möchten. Halten Sie die Leine so lange in Ihrer

rechten Hand, bis Sie die Geste mit der linken Hand ausgeführt haben. Anschließend wechseln Sie die Leine dann in Ihre linke Hand und gehen entschlossenen Schrittes an der Kreismarkierung entlang. Die rechte Hand muss frei bleiben, da Sie mit ihr später die Belohnungsleckerchen reichen. Halten Sie die Leine so vor Ihren Körper, dass sie locker durchhängt, ohne Sie beim Gehen zu behindern. Nehmen Sie Ihren Hundedarsteller in diese Richtung mit und gehen mit ihm ein paar Schritte an der Kreismarkierung entlang. Sie gehen dabei innen. Probieren Sie in diesen Trockenübungen verschiedene Körperhaltungen während des Gehens aus und fragen Sie Ihren Hundeschauspieler, wie er Sie jeweils wahrnimmt. Vielleicht reagiert er aber auch automatisch so hündisch, dass Worte überflüssig werden. Zeigen Sie ihm beim Gehen Ihr Profil und achten Sie darauf, dass Ihre Schulter mit der des Hundedarstellers auf einer Höhe bleibt. Er sollte weder zurückfallen noch nach vorne treiben. Bedenken Sie dabei immer, dass nicht Ihr „Hund“, sondern Sie das Tempo vorgeben. Warten Sie nicht auf Ihren trödelnden „Hund“ und lassen Sie sich von ihm auch nicht ziehen. Wenn Ihr Hundedarsteller seinen Part oscarverdächtig spielt, so zeigt er während dieser ersten Schritte am Kreis hundetypisches Desinteresse an Ihnen: Er blickt Sie nicht an, interessiert sich mehr für die Beschaffenheit des Bodens als für Sie, er läuft zurück oder voraus oder wahlweise auch in eine ganz andere Richtung.

In dieser Situation braucht der Mensch ein gut funktionierendes Belohnungssystem, um das gewünschte Verhalten zu verstärken. Eine Belohnung ist definitiv dann fällig, wenn Ihr „Hund“ neben Ihnen herläuft und von sich aus Blickkontakt zu Ihnen aufnimmt. Egal ob dies ein fragender, ein aufmerksamer oder ein zufälliger Blick ist, dieser Blick muss bestätigt werden.

Nutzen Sie die Gelegenheit und üben Sie auch Ihr Belohnungssystem zunächst ohne „echten“ Hund.

Klick-Klack – Clickertraining

Ein Clicker ist im Prinzip nichts anderes als ein Knackfrosch, der durch Druck ein deutliches Klick-Klack erzeugt. Hunde, die auf dieses Geräusch konditioniert sind, wissen, dass der Klick bedeutet: „Das, was ich gerade mache, ist gut und dafür bekomme ich eine Belohnung.“ Der Clicker ermöglicht uns Menschen, ein sehr konstantes und vor allem punktgenaues Lob zu geben, das der Hund auch auf Entfernung mit seinem momentanen Verhalten verknüpft. Beim Longieren hat sich die Verwendung eines Clickers sehr bewährt.

Durch den Blickkontakt zeigt der Hund seine Aufmerksamkeit. „Click" – dieses Verhalten soll verstärkt werden.

Richtig Belohnen

Die Bestätigung des Hundes sollte im richtigen Moment über ein entsprechend konditioniertes, akustisches Signal (Clicker oder stimmliches Markerwort „Prima" o. Ä.) erfolgen.

Clicker und Markerwort

Das Markerwort sollte kein Lobwort sein, das wir im Alltag ständig verwenden. Um ein solches Wort ebenso prägnant und punktgenau werden zu lassen wie den Click, sollte es kurz und für den Hund besonders, also nicht aus alltäglichen Schmuseeinheiten oder Alltagssituationen bekannt sein.

Der Click sagt dem Hund, dass genau dieses Verhalten in genau diesem Moment das gewünschte Verhalten ist. Da für den Hund der Click ein Versprechen auf eine folgende Belohnung (Leckerchen) ist, unterbricht dieses Signal den Job, den der Hund gerade ausführt – Zeit für den verdienten Lohn.

So sieht das richtige Füttern aus: nach vorne, seitlich zum Hund, in der Bewegung.

Nach-Vorne-Füttern

Um nun zu verhindern, dass der Hund zu uns in den Kreis gelaufen kommt, um sich seine verdiente und versprochene Belohnung abzuholen, müssen wir ihn „nach vorne" füttern. Dies gelingt am einfachsten, wenn wir die Leckerchen mit der Hand reichen, die dem Hund nah ist, also mit der äußeren Hand. Führen Sie Ihren Hund mit dem Leckerchen weiter in die Richtung, in die er seinen Lauf fortsetzen soll. Das gelingt Ihnen, wenn Sie das duftende Futter mit einigem Abstand so weit vor seine Schnauze halten, dass er weiter auf seiner Linie laufen muss, um es aus Ihrer Hand zu nehmen. Sie selbst bleiben dabei nicht stehen und verlangsamen auch nicht Ihr Tempo.
Wie Sie dieses Nach-vorne-Füttern meistern, wenn Sie selbst weiter im Kreis oder sogar in der Kreismitte stehen, stellen wir im Kapitel „Die nächsten Übungsschritte" im Abschnitt „Distanz vergrößern" dar.

Kleine Belohnungsfallen

Im Trockentraining mit Ihrem Hundedarsteller werden Sie schnell merken, wie viele kleine Tücken dieses augenscheinlich einfache Füttern und Belohnen in sich birgt:

Falsches Füttern Wenn Sie sich beim Füttern der Belohnungshappen Ihrem Hund zuwenden, könnte er dies als ein Stopp-Signal verstehen und stehen bleiben, oder er verlangsamt sein Tempo, während Sie eigentlich ungebremst weitergehen möchten. Dies passiert besonders dann, wenn Sie ihm das Leckerchen mit der inneren Hand, also der dem Hund abgewandten Hand, reichen. Denn in dieser Version drehen

Sie zwangsläufig Ihre äußere Schulter nach hinten und wenden dem Hund Ihre Brust zu.
Einen anderen unerwünschten Effekt erzielen Sie, wenn Sie Ihre Hand zu dicht an die Hundeschnauze halten. Der Hund verlangsamt hierbei sein Tempo und fällt hinter Ihnen zurück.

Leckerchen auf dem Boden Natürlich kann es passieren, dass mal ein Leckerchen auf den Boden fällt. Das werden nicht nur Sie in diesen ersten Trainingsschritten erleben. Auch uns passiert es immer noch ab und zu, dass beim Füttern etwas herunterfällt. An sich ist das gar nicht weiter schlimm. Wirklich störend und nachhaltig zum Problem wird dieses zu Boden gefallene Leckerchen erst dann, wenn es Ihrem Hund gelingt, es aufzuheben! Das sollten Sie unbedingt unterbinden. Essen bekommt der Hund einzig und allein aus Ihrer Hand. Gestatten Sie ihm nicht, selbstständig am Boden herumzuschnüffeln, um fallen gelassene Leckerchen, Gräser oder vorzugsweise auch Hasenköttel aufzuspüren. Jedes vom Boden aufgehobene Leckerchen bestätigt den Hund darin, weiter am Boden zu schnüffeln. Von einer auf Sie gerichteten Aufmerksamkeit kann dann natürlich keine Rede mehr sein.

Nicht locken! Missbrauchen Sie die Belohnungshappen bitte nicht als Lockmittel. Der Hund soll das gewünschte

Die frontale Körperhaltung des Menschen stoppt …

… Blickkontakt und gedrosseltes Tempo verlangsamen den Hund in seiner Bewegung.

Verhalten von sich aus zeigen und wird dann entsprechend bestätigt. Bedenken Sie, dass für den Hund auch der Griff an den Leckerchenbeutel verlockend ist, denn er weiß ganz genau, was es dort gibt. Natürlich belohnen wir im weiteren Verlauf des Trainings nicht mehr jeden einzelnen Blickkontakt mit Click und Leckerchen. Wenn Ihr Hundedarsteller auf Ihre klaren Signale so reagiert, wie Sie es beabsichtigen, motivieren Sie ihn zum Dranbleiben. Schließlich ist der Job mit ein paar artigen Schritten an der Kreismarkierung entlang und einer aufmerksamen Kontaktaufnahme noch nicht beendet. Entscheiden Sie sich auch hier wieder für eindeutige Worte und eine deutliche Körpersprache. Da der Hund ein verbales Lob als Einladung verstehen könnte, die Markierung zu überqueren, um zu Ihnen zu kommen, müssen Sie ihm die Bedeutung eines „Fein, weiter" oder „Gut, lauf" durch nach vorne gefütterte Leckerchen schmackhaft machen. Fühlt sich Ihr Hundedarsteller jedoch dazu veranlasst, sich sein wohlverdientes Lob bei Ihnen abzuholen, reagieren Sie prompt: Schicken Sie ihn ruhig aber entschlossen wieder raus und starten von Neuem. Die Entscheidung, wann die Runde beendet ist, treffen schließlich Sie und nicht Ihr Hund.

Die Freude am Sprung ist für manche Hunde Grund genug, in den Kreis zu kommen. So schleicht sich ungewolltes Verhalten ein.

Rausschicken

Kommando einführen Nutzen Sie dieses vorbereitende Training auch dazu, ein klares Kommando für das Rausschicken des Hundes zu wählen. Rausschicken müssen Sie Ihren Hund immer dann, wenn er die Kreismarkierung überquert und damit die grundlegende Regel „Mensch innen, Hund außen" missachtet.

Auch hier sollten Sie wieder körpersprachlich deutlich und verbal „kurz angebunden" sein. Ein klares RAUS! kann als gesprochenes Kommando schon genügen.

Unter der Markierung durchführen

Gehen Sie frontal und aufrecht auf Ihren Hund zu und führen Sie ihn unter der Markierung hindurch wieder auf seine Seite des Kreises. Wahrscheinlich ginge es zu weit, auch Ihren Hundedarsteller unter der Markierung hindurchzuführen. Wir erwähnen dieses Manöver an dieser Stelle jedoch, um Sie auf mögliche unerwünschte Verknüpfungen Ihres Hundes hinzuweisen.

So ist es richtig: Der Hund wird unter dem Band hindurch aus dem Kreis heraus geführt.

Nicht Springen! Ein Hund, der Spaß am Springen hat, würde sich durch den Sprung über die Markierung selbst belohnen. Er würde also immer wieder zu Ihnen in den Kreis kommen, um anschließend den gewünschten Sprung ausführen zu können. Und wir Menschen wundern uns dann, warum unser Hund immer wieder die Kreismarkierung überquert, obwohl wir ihn doch immer wieder prompt zurückschicken.

Markierung herunterdrücken Mit Ihrem menschlichen „Hund" können Sie an dieser Stelle noch eine andere Variante des Rausschickens üben: Treten Sie das Flatterband mit dem Fuß auf den Boden, sodass er es mit einem Schritt überqueren kann. Da es Hunde gibt, die sich nicht ohne Weiteres unter der Markierung hindurchführen lassen, weil sie dies als unangenehm oder gar bedrohlich empfinden, kann diese Alternative auch mit den echten Hunden praktiziert werden.

Im Kapitel „Erste Schritte mit dem Hund" werden wir die verschiedenen Methoden des Rausschickens noch detaillierter erläutern (siehe Seite 42).

Zwischenstopp

Möchten Sie Ihren Hundedarsteller zum Stehenbleiben bewegen, wenden Sie sich ihm frontal zu und geben ihm direkt das Kommando SITZ. Loben Sie ihn mit ruhigen, freundlichen Worten, ohne ihn dabei jedoch zu einer gemeinsamen Party innerhalb des Kreises einzuladen. Starten Sie anschließend wieder in die bereits bekannte Richtung.

Richtungswechsel

Den Richtungswechsel beginnen Sie mit dem Kommando STOPP/SITZ. Zeigen Sie Ihrem Hundedarsteller dann Ihre Geste für die geänderte Richtung und wählen Sie ein akustisches Kommando, in unserem Fall ein RECHTS. Wenn Sie jetzt in der geänderten Richtung an der Kreismarkierung entlanglaufen, nehmen Sie die Leine in die dem Hundedarsteller abgewandte, also innere Hand, in unserem Beispiel die rechte Hand.
Mit dieser Trockenübung klären Sie für sich Ihre akustischen Kommandos und Ihre Sichtzeichen für das Manöver „Richtungswechsel". Wenn Sie später mit Ihrem Hund den ersten Richtungswechsel

Unklare Körpersignale, eine schwingende Leine, die weite Jacke – der Hund ist sichtlich irritiert.

einüben, empfehlen wir Ihnen im Kapitel „Die nächsten Übungsschritte" im Abschnitt „Richtungswechsel" eine entsprechende Vorübung. Diese soll Ihrem Hund die Verknüpfung Ihrer Zeichen mit dem gewünschten Verhalten vereinfachen.

Unser Körper – immer auf Sendung

Aufgrund der stark nonverbal ablaufenden Kommunikation zwischen Hund und Hundeführer erfordert das Longieren mit Hunden von uns Menschen, dass wir uns unserer eigenen Körpersprache bewusst werden. Unserer Ansicht nach ist dies ein äußerst positiver Nebeneffekt, denn nicht nur der Alltag mit Hund, auch der Alltag mit unseren Mitmenschen ist geprägt von der ständigen nonverbalen Kommunikation.

Man liest und hört viel über die Notwendigkeit, die Körpersprache der Hunde wahrzunehmen und zu verstehen. Dabei müssen wir jedoch auch unsere eigene Körperhaltung überdenken und als Kommunikationsmittel wahrnehmen lernen. Wir senden permanent Signale aus – auch dann, wenn wir gar nicht beabsichtigen, etwas auszudrücken. Und zudem sendet unsere Körperhaltung auch solche Informationen, die wir gar nicht gesendet und schon gar nicht von unserem Gegenüber empfangen haben wollen! Unsere für uns selbst normale, gewohnte Körperhaltung gibt unter Umständen Informationen weiter, deren wir uns gar nicht bewusst sind.

Beim Longieren hält uns das Verhalten unserer Hunde unmittelbar einen Spiegel vor. Der Hund nimmt ausnahmslos alles wahr, deutet und reagiert unmittelbar.

Behindern Sie Ihren Körper nicht!

Natürlich kann unsere Kleidung sowie alles, was wir am Körper tragen, die Ausdrucksfähigkeit unserer Körpersprache schmälern.

Verstecken Sie sich deshalb nicht unter zu weiter, schwingender Kleidung.

Hängen Sie sich keine Leinen um Ihren Hals. Wenn Sie Ihrem Hund im Laufen den Belohnungshappen reichen, beugen Sie sich, je nach Größe Ihres Hundes, in der Bewegung zwangsläufig nach vorne. Eine schaukelnde, schwingende Leine würde den Hund ablenken, irritieren und nicht zuletzt im wahrsten Sinne des Wortes vor den Kopf stoßen.

Verstauen Sie die Hundeleckerchen in einem nicht knisternden Leckerchenbeutel. Jedes Rascheln oder Knistern stellt für den Hund ein akustisches Signal dar, das er entsprechend deutet. Nachfolgende Reaktionen sind aus seiner Sicht ganz selbstverständlich.

Jetzt kommt ihr vierbeiniger Partner ins Spiel!

Durchhalten – es lohnt sich!

Hoffentlich haben wir Ihnen mit diesen kompliziert klingenden Vorarbeiten nicht die Lust auf das Longieren mit Ihrem Hund genommen. Wenn Sie sich aber tapfer bis hierher durchgearbeitet haben und die Trockenübungen mit einem menschlichen Hundedarsteller ausprobiert haben, sind alle weiteren Schritte für Sie kein Problem mehr. Nicht nur Sie, auch Ihr Hund, der ja nun mit ins Spiel kommen soll, wird von Ihrer gründlichen Vorbereitung profitieren! Entlassen Sie Ihren Hundeschauspieler aber bitte nur vorübergehend in die Pause. Das Prinzip, neue Kommandos und Varianten zunächst ohne Hund auszuprobieren, empfehlen wir für jeden neuen Schritt.

Ein Versprechen ...

Nachdem Sie nun so viel Vorarbeit geleistet haben und im Gepäck nicht nur Ihre Trainingsutensilien, sondern auch zahlreiche theoretische Tipps und Tricks sowie die Erfahrungen aus den Trockenübungen mitbringen, wagen wir, Ihnen ein Versprechen zu geben: Sie und Ihr Hund werden am Longierkreis sehr schnell ungeahnte Erfolge miteinander erleben. Wir konnten in den vielen Stunden unseres Longiertrainings feststellen, dass auch Hunde, deren Interesse bislang wenig auf ihren Menschen fokussiert war, schon nach kurzer Zeit ihre Aufmerksamkeit auf den Menschen im Kreisinneren richteten. Der Hund will das haben, was er in diesem Spiel nicht bekommen kann – zumindest nicht auf gewohnte Weise: die Nähe seines Menschen.

Viel Spaß beim Longieren!

Und jetzt starten wir durch! Bauen Sie optimistisch Ihren Kreis auf, legen Sie störende Jacken, Schals und Leinen ab, bewaffnen Sie sich mit köstlichen, weichen Leckerchen und eventuell Ihrem Clicker und holen Sie Ihren Hund!

Erste Schritte

mit dem Hund

Das Ziel: Hund außen – Mensch innen!

In dieser ersten Trainingseinheit wollen wir erreichen, dass der Hund außen an der Kreismarkierung entlang neben uns herläuft und seine Aufmerksamkeit auf uns richtet. Diese Aufmerksamkeit zeigt er uns durch einen Blick in unser Gesicht. Während der Hund außen läuft und außen bleibt, laufen wir innen an der Markierung entlang.

Das Spiel beginnt

Ihr Hund soll nun zum ersten Mal mit einem neuen Spiel vertraut gemacht werden, dessen Regeln er noch nicht kennt. Typabhängig wird er der neuen Situation mehr oder weniger bereitwillig, neugierig, ängstlich oder vielleicht auch übereifrig begegnen. Versuchen Sie deshalb, ihm freundlich aber bestimmt zu zeigen, was Sie von ihm erwarten. Da Sie selbst genau wissen, was Sie wollen und auch fest davon überzeugt sind, dass das Longieren mit Ihrem Hund für Sie beide ein Gewinn ist, legen Sie ruhig eine entsprechend optimistische Vorfreude an den Tag. Da sich diese Stimmung bestimmt schnell auf Ihren Vierbeiner überträgt, erleichtern Sie es ihm, sich auf dieses unbekannte Spiel einzulassen.

Ausgangspositionen an der Kreismarkierung

Führen Sie Ihren angeleinten Hund an den Kreis heran und setzen Sie ihn außen an der Kreismarkierung ab.
Gehen Sie anschließend auf die innere Seite der Markierung und stellen sich Ihrem Hund frontal gegenüber. Halten Sie hierbei den Kontakt zu ihm, denn er soll nicht denken, dass Sie weggehen! Bleiben Sie bitte so dicht an der Markierung, dass Sie für hereinschleichende Hundepfoten keinen Platz anbieten.
Wenn Ihr Hund, nach „Plan A", dort sitzen bleibt, wo Sie ihn hingesetzt haben, und er Sie aufmerksam anschaut, können Sie ihn zu den ersten Longierschritten einladen. Hilfestellungen zu „Plan B" geben wir Ihnen gleich im Anschluss im Abschnitt Troubleshooting (siehe Seite 40).

Das Anfangsritual sagt dem Hund: Longiermodus einschalten ...

... und schon sind wir mittendrin in der Longiersituation.

In Laufrichtung starten

Wir beschreiben die nächsten Schritte für die Laufrichtung, in der der Hund an Ihrer rechten Seite geht. Sollte Ihr Hund jedoch daran gewöhnt sein, dass dies seine Position für das Kommando BEI FUSS ist, wählen Sie bitte für den Einstieg ins Longieren die andere Richtung. Ihr Hund sollte das Longieren nicht mit einer neuen Variante des Fußgehens verwechseln, bei dem er schließlich dicht an Ihrem Bein bleiben soll. Nehmen Sie die Leine zunächst in die rechte Hand. Um Ihrem Hund nun die Laufrichtung anzuzeigen, geben Sie ihm das akustische Signal, für das Sie sich im Laufe Ihrer Trockenübungen entschieden haben, zum Beispiel LINKS, und unterstreichen Ihr Vorhaben mit dem entsprechenden Sichtzeichen. Wenn Sie jetzt nach links losgehen, wechseln Sie die Leine in die linke Hand.

Erste Reaktionen des Hundes und wie Sie damit umgehen

Was Ihr Hund jetzt macht, ist zunächst einmal egal – solange er die Kreismarkierung nicht überquert. In diesem Fall müssten Sie ihn sofort wieder rausschicken. Dass er aber artig und sortiert außerhalb des Kreises neben Ihnen herläuft, ist zugegebenermaßen reine Theorie.

Wahrscheinlich wird er ein paar Schritte neben Ihnen gehen, dann mal zurückfallen, mal nach vorne treiben, mal etwas Wichtiges am Boden untersuchen müssen und mal einem vorbeifliegenden Insekt hinterherblicken. Was auch immer Ihr Hund macht, Sie gehen weiter und nehmen ihn mit – in Ihrem Tempo. Ignorieren Sie es sogar, wenn Ihr Hund versucht, Sie anzuspringen. Lassen Sie sich von solchen Pöbeleien gar nicht beeindrucken oder von Ihrem Weg abbringen. Konzentrieren Sie sich auf Ihre Körperhaltung. Gehen Sie aufrecht, aber entspannt. Lassen Sie Ihre Hände neben dem Körper hängen. Blicken Sie immer geradeaus in Ihre Laufrichtung, sodass auch für Ihren Hund erkennbar ist, dass Sie ihn nicht anschauen. Da die Kontaktaufnahme vom Hund ausgehen soll, darf sich dieser auch körpersprachlich nicht von uns angesprochen fühlen. Ein Anschauen unsererseits würde für den Hund jedoch bedeuten, dass wir uns an ihn wenden. Gleichzeitig müssen wir unseren Hund und seine Aktionen aber natürlich aus dem Augenwinkel heraus beobachten.
Prima wäre es, wenn Ihre Schultern und die des Hundes auf einer Linie lägen und

Die ganze Welt ist neu für den Welpen, auch die Longiersituation.

die Krönung des Ganzen wäre jetzt eine vom Hund ausgehende Kontaktaufnahme: ein fragender, erwartungsvoller Blick zu uns. So viel zum Idealzustand. Auch wenn Ihnen dieser bereits vor Augen schwebt und Ihr Hund trotzdem nicht auf Ihrer Schulterhöhe läuft, geschweige denn aufmerksam zu Ihnen blickt, tun Sie nichts! Geben Sie Ihrem Hund kein Kommando, locken Sie ihn nicht, kitzeln Sie ihn nicht (auch nicht aus Versehen!) mit der rechten Hand an Nase oder Ohr, vermeiden Sie versehentliche Geräusche oder Gesten, grummeln Sie Ihre Ungeduld nicht vor sich hin und lassen Sie nicht die Schultern sinken.

Denn: Der Hund soll agieren. Der Hund soll von sich aus den Kontakt zu uns herstellen. Und „zu uns“ bedeutet wohlgemerkt, er soll in unser Gesicht schauen und nicht zu unserem Leckerchenbeutel.

Desinteresse und Blickkontakt

Obwohl es tatsächlich Hunde gibt, die schon nach wenigen Schritten am Kreis sowohl die Spielregel „ich außen, du innen“ akzeptieren als auch den Fokus ihrer Aufmerksamkeit wie magisch angezogen auf ihren Hundeführer richten, möchten wir aus diesen gar nicht seltenen Erfahrungen keinesfalls eine Erwartungshaltung an alle Hunde entstehen lassen. In den meisten Fällen sieht es nämlich so aus, dass der Hund sich für alles Mögliche, nur nicht für seinen Menschen interessiert. Irgendwann wird er uns jedoch anschauen, und dies ist der Moment, in dem wir ihn eindeutig bestätigen müssen. Hierbei ist es erst einmal völlig unerheblich, ob der Hund absichtlich oder zufällig zu uns hinsieht. Aus welchem Grund auch immer er guckt – indem wir den Blickkontakt bestätigen, zeigen wir dem Hund, welches Verhalten wir von ihm erwarten.

Der Welpe versteht und akzeptiert nach wenigen Schritten die neuen Spielregeln.

Das Belohnungssystem

Der Blickkontakt dauert vielleicht nur den Bruchteil einer Sekunde. Seien Sie gewappnet und reagieren Sie unmittelbar und punktgenau, ohne jegliche Zeitverzögerung. Kommt Ihr Markerwort oder der Click erst, wenn der Hund schon nicht mehr zu Ihnen schaut, kann er Blick und Lob nicht mehr miteinander verknüpfen. Das akustische Signal, sei es nun ein Click oder ein Markerwort, ist in diesem Moment das erste und einzige Signal, das der Hund wahrnehmen soll. Greifen Sie bitte erst anschließend in die Tasche oder zum Leckerchenbeutel. Würden Sie die Reihenfolge dieser Zeichen vertauschen, würde sich für den Hund eine ganz andere Verknüpfung ergeben: Hund guckt – Hand greift zum Futter – Hund guckt zur Hand/Leckerchenbeutel – Click/verbales Lob. In dieser Kette würden wir nicht den Augenkontakt, sondern den Blick zum Futterbeutel verstärken.
Erfüllen Sie im Anschluss an Ihr akustisches Signal das Versprechen auf einen guten Happen. Füttern Sie Ihren Hund dabei so nach vorne, wie Sie es im Trockentraining mit Ihrem Hundeschauspieler geübt haben (siehe auch Seite 24). Achten Sie auch hierbei wieder auf das richtige Tempo, denn wenn Sie mit der Gehaltszahlung zu lange warten, wird Ihr Mitarbeiter zu Ihnen kommen, und seinen Lohn einfordern. Geben Sie Ihrem Hund am besten gar nicht die Möglichkeit, auf falsche Gedanken zu kommen: Halten Sie ihm das verlockende Leckerchen im Laufen, also ohne selbst stehen zu bleiben, mit Ihrer äußeren Hand mit einem kleinen Abstand vor die Hundeschnauze. Dies zieht den Hund weiter in die richtige Richtung, auf dem richtigen Weg.

Geduldig üben

Vielleicht nicken Sie diese theoretischen Hinweise mit einem „Verstehe" ab, möglicherweise sind Sie aber auch spätestens jetzt und völlig zu Recht total verwirrt. In der praktischen Umsetzung stellen diese Manöver in der Tat eine nicht zu unterschätzende, koordinatorische Herausforderung für den Hundeführer dar: Körperhaltung so, Bewegung so, Leine erst hier, dann da, Clicker immer zum Abschuss bereit, das richtige Timing beim Griff zum Futterbeutel mit der entsprechend richtigen Hand, die wiederum auf ganz bestimmte Art und Weise füttern soll. Ja, es ist anfangs kompliziert. Ein schwacher Trost: Es wird Ihnen früher oder später in Fleisch und Blut übergehen – ein großes Versprechen: Und dann macht es richtig Spaß! Haben Sie mit sich selbst genau so viel Geduld

Ein Blick – Click! Und jetzt muss die Belohnung kommen!

wie mit Ihrem vierbeinigen Partner und geben Sie sich die Zeit, all diese Abläufe mehr und mehr zu automatisieren. Bauen Sie nur bitte jetzt keine Fehler ein, die Sie später mit viel Mühe wieder abbauen müssten.

Belohnung nicht zu früh abbauen

Ein Hund, der zu diesem Zeitpunkt schon alle Spielregeln akzeptiert hat, muss natürlich nicht mehr für jeden Blick einen Click bekommen. Bauen Sie die Belohnungshäppchen jedoch nicht zu früh ab, damit der Hund nicht auf die Idee kommt, sich anderweitig nach lohnender Beschäftigung umzusehen. Ihr stimmliches Lob sollte den Hund durchgehend zum Weitermachen motivieren und bei allen richtigen Verhaltensweisen begleiten. Auch Ihr eigenes, engagiertes Mitmachen stellt für den Hund eine Motivation dar, dabei zu bleiben.

Das Kommando RECHTS wird ohne Worte über Sichtzeichen angezeigt.

Stopp/Sitz

In den Trockenübungen ohne Hund haben Sie Ihren „Menschenhund" dazu gebracht, stehen zu bleiben und auf Ihr Kommando hin wieder loszulaufen. Wenn Sie sich der Eindeutigkeit und Wirkung Ihrer Körpersprache sicher sind, können Sie dieses Manöver auch mit Ihrem Hund durchspielen. Angenommen, Ihr Hund läuft aufmerksam neben Ihnen her und schaut Sie an. Wenn Sie sich ihm nun frontal zuwenden und ihm unmittelbar das Sicht- und Hörzeichen SITZ geben, wird auch Ihr Hund sein Tempo verlangsamen und sich schließlich setzen. Das Kommando SITZ ist in diesem Moment nötig, um Ihren Hund nicht zu verunsichern. Nachdem Sie ihn durch Ihre Körpersprache dazu aufgefordert haben, stehen zu bleiben, wird er jetzt darauf warten zu erfahren, was er machen soll. Da Sie verhindern möchten, dass er sich diese Frage selbst beantwortet, halten Sie ihn mit dem Kommando SITZ in der Konzentration der Longiersituation. Bestätigen Sie ihn für das gewünschte Verhalten und bleiben Sie selbst in aufmerksamer Arbeitsspannung. Halten Sie den Blick Ihres Hundes und laufen Sie genau wie am Anfang, bzw. in die bereits bekannte Richtung wieder los.

STOPP/SITZ – auch hier orientiert sich der Hund an der Körpersprache des Menschen.

Im Kapitel „Die nächsten Übungsschritte" gehen wir auf die Kommandos SITZ, PLATZ und STEH genauer ein, die jeweils mit dem Stoppen des Hundes verbunden werden.

Der richtige Moment für eine Pause

Und wenn's am schönsten ist, legen Sie eine Pause ein. Auch für die Länge einer Trainingseinheit ist gutes Timing gefragt. Sowohl Sie als auch Ihr Hund sollen das Longieren als Spaß, als spielerischen Sport erleben. Unbestritten ist, dass besonders die ersten Schritte für Mensch und Hund Herausforderungen bereithalten, durch die Sie beide den Spaß an der Sache aus den Augen verlieren könnten. Lassen Sie es weder durch Überforderungen noch durch verbissenes Üben so weit kommen. Eine bewährte Faustregel ist, direkt nach den ersten Erfolgen, spätestens aber nach 5 Minuten eine Pause zu machen. Erwarten Sie bitte nicht, dass Ihr Hund schon jetzt komplette Runden nach allen Regeln der Kunst läuft. Wir behaupten aber einfach mal, dass Sie während dieser ersten 5 Minuten Teilerfolge erzielt haben.

Wichtig! Unbedingt sollten Sie eine Trainingseinheit aber mit einem Erfolg, einem positiven Erlebnis, beenden. Ein Misserfolg ist ein denkbar ungünstiger Zeitpunkt, um das Training zu unterbrechen. Das schlechte Gefühl tragen Sie dann nicht nur in die Pause hinein, sondern laufen gleichzeitig Gefahr, auch die nächste Runde mit weniger Optimismus zu starten. Nehmen Sie den Erfolg also immer mit in die Pause und in die neue Runde. Unterschätzen Sie nicht die große Auslastung, die das Longieren für den Hund bedeutet. Er muss sich stark konzentrieren und läuft eine nicht zu unterschätzende Strecke. In unseren einstündigen Longierkursen absolvieren die Hundeteams vier Trainingseinheiten à ca. 5 Minuten.

Troubleshooting – was tun, wenn es nicht klappt!

Wie Sie bereits gelesen haben, muss sich Ihr Hund erst an die ungewohnte Situation am Longierkreis gewöhnen. Die folgenden Fragen und Probleme treten häufig auf. Lesen Sie, wie Sie richtig reagieren.

Die Schwierigkeit

Mein Hund springt immer wieder zu mir in den Kreis.

Das können Sie tun

Überprüfen Sie Ihre Signale und schicken Sie den Hund wieder raus!

Weichen Sie nicht von dem ab, auf das Sie sich in den Trockenübungen festgelegt haben: Der Hund braucht ganz eindeutige Sicht- und Hörzeichen.
Die erste Gelegenheit für den Hund, in den Kreis zu springen, bietet sich schon beim allerersten Schritt: Sie setzen Ihren Hund an den Kreis und gehen anschließend auf die andere Seite der Markierung. Da Ihr Hund die Regel: „Ich bleibe draußen" noch nicht kennt, wird er Ihnen möglicherweise direkt folgen. Vielleicht haben Sie ihn durch Ihre Körpersprache dazu eingeladen, vielleicht folgt Ihnen der Hund, weil es für ihn das Natürlichste der Welt ist. Warum auch immer, starten Sie das Eingangsritual für die Longiersituation einfach noch einmal: Führen Sie Ihren Hund von außen an den Kreis heran, bringen Sie ihn ins SITZ und gehen

Sie über die Markierung in das Kreisinnere. Ein stimmliches Lob und ein frühzeitiger Click hilft Ihrem Hund, diese Basisregel zu verstehen.
Sollte Ihr Hund das Flatterband im Zuge der ersten Longierschritte überqueren, ist es Ihre Aufgabe, ihn prompt, bestimmt und eindeutig wieder rauszuschicken. Das Kreisinnere ist Ihr Bereich. Sobald Ihr Hund wieder draußen ist, bringen Sie ihn ins SITZ. Ihre Haltung dem Hund gegenüber sollte sofort wieder freundlich und bejahend sein.

Schicken Sie Ihren Hund immer wieder aus dem Kreis – und finden Sie den Grund, aus dem er hereingekommen ist!

Wo ist mein Mensch? Schon da vorne? Dann nehm ich auch den kürzesten Weg ...

Belohnen Sie Ihren Hund nicht für die Korrektur!

Ein Leckerchen hat Ihr Hund sich dafür, dass Sie ihn wieder rausgeschickt haben, auf keinen Fall verdient! Belohnen Sie ihn nur, wenn er das richtige Verhalten zeigt, und nicht dafür, dass Sie ihn korrigieren mussten. Ihr Hund würde die Korrektur für ein gutes Stück Fleischwurst bestimmt auch in Zukunft gerne in Kauf nehmen und sich so verhalten, dass er immer wieder korrigiert werden muss.

Loben Sie nicht zu überschwänglich!

Selbstverständlich sollen Sie Ihren Hund loben und motivieren. Wenn der Hundeführer jedoch im Kreis ein wahres Freudenfest feiert, möchte der Hund kein Zaungast bleiben. Ein körpersprachlich und verbal zu großes „Juchhu" und „Bingo!" beendet für den Hund die Arbeitssituation zugunsten der Party.

Schicken Sie ihn immer wieder raus!

Das Rausschicken des Hundes sollten Sie seiner Mentalität anpassen. Finden Sie das für Sie und Ihren Hund richtige Signal aus den verschiedenen Möglichkeiten: Versuchen Sie zunächst frontal auf den Hund zuzugehen und ihn dadurch körperlich zurückzudrängen, während Sie gleichzeitig ein knappes Kommando, wie zum Beispiel RAUS, sprechen, das von einem klaren Blick und einem Handzeichen begleitet wird. Die Leine jedoch soll niemals dazu benutzt werden, den Hund aus dem Kreis zu ziehen.

Lassen Sie keine Sprünge zu!

Ihr Hund sollte möglichst immer unter dem Flatterband hindurch den Kreis verlassen. Ein Sprung macht manchen Hunden so viel Spaß, dass der Sprung an sich als Selbstbelohnung ausreicht und das unerwünschte Verhalten verstärkt. Alternativ besteht die Möglichkeit, das Flatterband mit dem Fuß herunterzutreten, damit der Hund es ohne Sprung überqueren kann. Diese Vorgehensweise bietet sich besonders dann an, wenn die Höhe des Bandes im weiteren Verlauf des Trainings mehr und mehr abgebaut wird. Besonders bei großen Hunden ist es dann kaum möglich, sie unter dem Band durchzuführen.

Es gibt auch Hunde, die vor der Unterquerung des Flatterbandes schlicht und einfach Angst haben. Da wir das Longieren hier nicht als Desensibilisierungsübung verwenden möchten, stellt das Heruntertreten des Bandes für ängstliche Hunde eine einfache Ausweichmöglichkeit dar.

Die Schwierigkeit

Mein Hund guckt mich nicht an.

Das können Sie tun

Üben Sie sich in Geduld!

Da Ihr Hund von Ihnen kein Kommando bekommt, kann er zu diesem Zeitpunkt nicht wissen, was Sie sich von ihm wünschen. Gehen Sie mit stoischer Geduld weiter und lassen Sie sich nicht dazu verleiten, den Hund zu rufen, zu locken, zu schubsen oder irgendwie zu animieren. Irgendwann wird er gucken und sei es nur aus Zufall.

Ohne Blick kein Kommando!

Geben Sie Ihrem Hund immer nur dann ein Kommando, wenn er Sie von sich aus anguckt. Das gilt auch für die Ausgangssituation, in der Ihr Hund am Kreis sitzt und Sie ihm gegenüberstehen. Warten Sie auch hier gelassen auf seinen Blick, verpassen Sie diesen bitte aber auch nicht.

Ein richtig ausgeführtes Belohnungssystem zeigt dem Hund immer wieder klar, was wir von ihm wollen.

Wir möchten an dieser Stelle anmerken, dass sich die Aufmerksamkeit eines Hundes nicht ausschließlich über dessen direkten Blick in unsere Augen zeigt. Es gibt Hunde, die diesen direkten Blickkontakt scheuen. Nichtsdestotrotz zeigen auch diese Hunde ganz genau, ob sie ihren Fokus auf uns oder auf etwas ganz anderes richten.
Manche Longierhunde zeigen ihre Aufmerksamkeit nicht ausschließlich durch dauerhaftes Angucken, sondern durch freudiges, konzentriertes Arbeiten mit ihrem Menschen. In diesen ersten Anfängen jedoch, in denen Ihr Hund die Spielregel „Ich muss auf meinen Menschen achten" möglicherweise ganz neu erlernen muss, sollten Sie schon auf einen Blick in Ihr Gesicht bestehen.

Wechseln Sie spontan die Richtung!

Sollte die Unaufmerksamkeit Ihres Hundes Ihre Geduld überstrapazieren, wechseln Sie ohne Vorankündigung Ihre Laufrichtung, wenn nötig auch mehrfach. Zu dieser Maßnahme sollten Sie aber wirklich erst dann greifen, wenn Sie mehrere Runden gelaufen sind, ohne dass er Ihnen einen Blick geschenkt hat. Wahrscheinlich überrascht der plötzliche Richtungswechsel Ihren Hund so sehr, dass er Sie zumindest kurz anblickt. Bestätigen Sie diesen Blick sofort.

Problemlos: Diese beiden haben sichtlich Spaß am Longieren!

Die Schwierigkeit

Mein Hund guckt nur auf den Leckerchenbeutel oder auf meine Hand.

Das können Sie tun

Mögliche Ursachen prüfen!

Unter Umständen ist ein Leckerchenbeutel nicht das optimale Aufbewahrungsbehältnis für die Belohnungshappen. Versuchen Sie doch alternativ, die Leckerlis in Ihren rechten und linken Seitentaschen zu verstauen, die für Ihren Hund nicht so markant sichtbar sind. Möchten Sie auf einen Leckerchenbeutel nicht verzichten, sollten Sie ihn unbedingt vorne am Bauch tragen. Ein seitlich getragener Beutel müsste bei jedem Richtungswechsel umgesetzt werden, damit er nicht zu sehr in der Nähe der Hundenase hängt. Ein ständiges Herumschieben des Beutels würde jedoch ein unnötiges und störendes Manöver darstellen.

Überprüfen Sie Ihr Timing beim Bestätigen!

Ihr Hund kann nur das aktuelle Verhalten mit Ihrer Bestätigung verknüpfen. Bereits einen Augenblick nach dem gewünschten Verhalten zeigt der Hund schon ein anderes Verhalten. Achten Sie beim Clicken oder verbalen Loben darauf, im richtigen Moment zu bestätigen. Ein Blick zum Leckerchenbeutel soll nicht bestätigt werden. Warten Sie, bis Ihr Hund seinen Blick zu Ihnen hebt.

Die Schwierigkeit

Mein Hund ist hektisch, rennt hin und her, zieht an der Leine.

Das können Sie tun

Beantworten Sie Hektik mit Ruhe und Selbstsicherheit!

Je aufgeregter sich Ihr Hund verhält, um so ruhiger sollten Sie sich verhalten. Lassen Sie sich nicht von seiner Hektik anstecken. Im Gegenteil: Demonstrieren Sie stattdessen Ruhe: Bremsen Sie Ihr Tempo und verlangsamen Sie Ihre Bewegungen. Begegnen Sie Ihrem Hund mit größtmöglicher Gelassenheit. Hinterfragen Sie auch hier noch einmal Ihre Körpersignale. Drücken Sie vielleicht, ohne es zu wollen, Unsicherheit aus? Dann wäre die unruhige Reaktion Ihres Hundes verständlich. Nur wenn Ihr Hund spürt, dass Sie sicher wissen, wo es langgeht, kann er sich entspannen und seinen Fokus konzentriert auf Sie richten. Vermeiden Sie auf jeden Fall, wild an der Leine zu zerren, um den Hund in die gewünschte Position zu zwingen. Dies könnte die Hektik in einen Kampf aus Ziehen und Zerren eskalieren lassen. Der Spaß am Training wäre dahin und die Voraussetzungen für die beim Longieren intensive, positive Bindung zwischen Mensch und Hund wären stark gefährdet.

Bestätigen Sie auch kleinste Schritte in die richtige Richtung!

Erwarten Sie von Ihrem Hund bitte nicht, dass er alles auf einmal richtig macht. Setzen Sie Ihre Ziele kleiner und bestätigen Sie den Hund so engmaschig wie möglich. Je ungewohnter die Situation für einen Hund ist und je weniger er richtiges Verhalten zeigt, desto öfter muss er für Kleinigkeiten bestätigt werden. Auf diese Art bekommt der Hund eine Orientierung, die mehr Ruhe und Konzentration ermöglicht. Vertrauen Sie darauf, dass sich bei jeder Bestätigung sein Verhalten in die gewünschte Richtung verstärkt.

Sorgen Sie für eine ablenkungsarme Umgebung!

Wenn Ihr Hund bisher die Erfahrung gemacht hat, dass sich viele spannende, interessante, leckere Angebote ohne Sie finden lassen, wird er auch bei seinen ersten Schritten am Longierkreis nach solchen Angeboten Ausschau halten. Sorgen Sie deshalb dafür, dass er möglichst wenig Ablenkungen in unmittelbarer Nähe finden kann. Ablenkungen stellen andere Hunde und Menschen, Stöckchen, Spielzeug, aber auch vorbeifahrende Fahrzeuge dar. Selbstverständlich ist es weder wünschenswert noch möglich, das Longieren in einer Laborsituation zu beginnen. Doch je nach Temperament des Hundes können die genannten Ablenkungen das Training zu diesem Zeitpunkt enorm erschweren. Für fortgeschrittene Longier-Teams stellen gerade diese Ablenkungen eine besondere Herausforderung dar. Einen Hund, der seinen Fokus konzentriert auf seinen Menschen richtet, können andere Hunde, Menschen oder selbst Hundekuchen nicht aus der Ruhe bringen.

Die Schwierigkeit

Mein Hund trödelt lustlos hinter mir her.

Das können Sie tun

Überprüfen Sie Ihre Körpersprache!

Auch wenn wir davon überzeugt sind, einfach nur geradeaus, bzw. an der Kreismarkierung entlangzugehen, kann unsere Körperhaltung dem Hund das Signal BLEIB ZURÜCK geben. Bitten Sie eine andere Person, beispielsweise Ihren schon eingespielten Hundedarsteller, Ihre Körperhaltung zu beobachten: Drücken Sie Ihren Hund vielleicht durch eine eingedrehte Schulter oder eine zurückweisende Handhaltung nach hinten? Ist Ihr Gang eher gelangweilt oder kraftlos, sodass Ihr Hund wenig motiviert ist, aufmerksam an Ihrer Seite zu laufen?

Die Spielzeugbestätigung

Die Zuhilfenahme eines Spielzeugs kann für besonders unmotivierte Hunde eine Möglichkeit sein, über den ausgelösten Spieltrieb auch mehr Elan für das Longieren zu entwickeln. Die Gefahr liegt hierbei jedoch darin, dass der Hund sich durch das Spielzeug völlig aus der Longiersituation, und der hier geforderten Konzentration auf den Menschen, entfernt. Da wir den Einsatz von Spielzeug in diesem frühen Stadium des Longierens eher nicht empfehlen, stellen wir das Handling des Spielzeugs, spezielle Wurftechniken und den Einsatz als Belohnung und Motivation erst im Kapitel „Die nächsten Übungsschritte“ im Abschnitt „Tempowechsel“ vor (siehe Seite 86).

Die Schwierigkeit

Mein Hund hat die ganze Zeit die Nase am Boden.

Das können Sie tun

Futter am Boden ist für den Hund Tabu!

Wie bereits im Kapitel „Trockenübungen ohne Hund“ beschrieben, kann es passieren, dass uns das Leckerchen aus Versehen aus der Hand fällt. Oder aber es befinden sich noch Futterreste aus einer vorhergehenden Longierrunde auf dem Boden. Es darf dem Hund jedoch unter

keinen Umständen gelingen, vom Boden zu fressen. Seine Aufmerksamkeit soll schließlich nur auf Sie fokussiert sein. Würde er die Erfahrung machen, dass es sich lohnt, nach „Bodenschätzen" zu suchen, würde er seiner Nasenarbeit mit Sicherheit den Vorzug vor dem Longieren mit Ihnen geben.
Da Ihr Hund jedoch von Ihnen gezeigt bekommt, dass es sich lohnt, außen am Kreis entlangzulaufen und den Blick auf Sie zu richten, wird er sich mehr und mehr mit freudiger Erwartung nach Ihnen und Ihren Kommandos richten.
Um zu verhindern, dass Ihr Hund Leckerchen vom Boden frisst, bitten Sie eine andere Person, alle zu Boden gefallenen Leckereien aufzusammeln, während Sie mit Ihrem Hund Ihre Runde fortsetzen. Sollte keine helfende Hand zur Verfügung stehen, nehmen Sie sich selbst die Zeit, heruntergefallene Futterreste aufzusammeln. Bringen Sie Ihren Hund hierfür ins SITZ, sammeln Sie das Futter auf und setzen Sie erst anschließend das Longieren fort.

Viele Hunde untersuchen während der ersten Schritte am Kreis lieber die Bodenbeschaffenheiten.

Füttern Sie nur direkt aus der Hand!

Der Hund sollte seine Belohnung immer aus unserer Hand bekommen. Ein zugeworfener Hundekuchen könnte leicht auf dem Boden landen und von dort gefressen werden, bevor wir es verhindern können. Ein vielleicht sogar im Kreisinneren landendes Wurststück wäre für den Hund mit Sicherheit ein Grund, in den Kreis zu springen.

Lassen Sie Ihrem Hund keine Zeit, den Boden abzuschnuppern!

Wenn Ihr Hund merkt, dass es gar nicht schwer ist, von Ihnen etwas Leckeres zu bekommen, wird er sich langes Suchen auf dem Boden sparen. Deshalb sollten Sie bei „Trüffelschweinchen", die ihre Nase vorzugsweise am Boden haben, so engmaschig wie möglich belohnen.

Die Schwierigkeit

Ich kann das Interesse meines Hundes mit Futter nicht wecken – mein Hund ist nicht bestechlich.

Das können Sie tun

Halten Sie die Leibspeise bereit!

Natürlich sollen Sie Ihrem Hund weder Leckereien wie Eis noch Schlagsahne füttern. Doch würden Sie auch lieber für Ihre Leibspeise als für trockenes Brot arbeiten!

Trockene, geschmacklose Diät-Cracker können einen Hund, der nicht besonders verfressen ist, und der zudem vielleicht kurz zuvor seine Hauptmahlzeit zu sich genommen hat, verständlicherweise nicht motivieren. Ein Hund jedoch, der gar nicht fressen möchte, ist entweder übersättigt oder krank.

Jeder Hund liebt gute Leckerchen! Probieren Sie andere, besondere Belohnungshappen aus und füttern Sie Ihren Hund nicht unmittelbar vor dem Training.

Und so geht es weiter

Sie und Ihr Hund haben jetzt bereits die Grundsteine für das weitere Longieren gelegt. Alle neuen Übungsschritte und jede neue Variante bauen auf diesem Fundament auf. Natürlich hängt der erfolgreiche Aufbau der nächsten Stockwerke von der Stabilität und Breite Ihrer Grundmauern ab.

Weil Ihr Hund durch Ihre klaren Signale und Ihr engmaschiges Bestätigen erfahren hat, welche Spielregeln dem Longieren zugrunde liegen, läuft er mittlerweile außen an der Kreismarkierung entlang und wendet Ihnen seine Aufmerksamkeit zu.

Darauf aufbauend lassen sich jetzt die ersten Varianten einüben, die Ihnen viele Kombinationen ermöglichen

Die nächsten Übungsschritte

Richtungswechsel aus dem Sitz

Im Rahmen Ihrer Trockenübungen ohne Hund haben Sie Ihre Gesten und Wörter für das Manöver Richtungswechsel bereits geprobt. Jetzt geht es auf einem höheren Niveau weiter!

Hör- und Sichtzeichen richtig lernen und verknüpfen

In Einzelanweisungen teilt sich ein Richtungswechsel aus dem SITZ in folgende Sicht- und Hörzeichen auf: Laufrichtung RECHTS – STOPP/SITZ – Laufrichtung LINKS.

Diese einzelnen „Vokabeln" können Sie bereits in die entsprechenden körpersprachlichen Signale übersetzen. Wenn Sie später mehr und mehr in der Kreismitte stehen, muss Ihr Hund den Richtungswechsel vollziehen, ohne dass Sie mit ihm mitlaufen. Deshalb trainie-

STOPP – SITZ – Spannung halten ...

ren wir schon zu diesem Zeitpunkt, dass der Hund auch dann in die angezeigte Richtung läuft, wenn wir Menschen stehen bleiben. Auf diese Weise lernt er die komplette Bedeutung der neuen Vokabel, auch wenn er sie zu diesem Zeitpunkt noch nicht komplett umsetzen muss.

Um Ihrem Hund die Verknüpfung Ihrer Zeichen mit dem richtigen Verhalten zu vereinfachen, schlagen wir Ihnen eine Übung vor, die nicht am Longierkreis stattfindet. Grundsätzlich sollten am Kreis immer nur bekannte Kommandos in die Longiersituation übertragen werden. Diese Regel gilt später auch für alle Tricks und die Hinzunahme von Geräten.

... und mit RECHTS geht es weiter.

Schon mit Welpen können Sie beginnen, RECHTS und LINKS zu unterscheiden.

Eine hilfreiche Vorübung

Einzelschritte

1. Wählen Sie zwei Fixpunkte, zwischen denen ungefähr 2 Meter Abstand liegen. Das können zwei aufgestellte Pylonen, andere Markierungen oder auch zwei Bäume sein. Setzen Sie Ihren Hund in der Mitte zwischen diesen beiden Fixpunkten ab und stellen Sie sich ihm frontal gegenüber.
2. Geben Sie ihm Ihr Signal für die Laufrichtung RECHTS oder LINKS, und zwar so, wie Sie es zuvor am Kreis geübt haben: Kombinieren Sie Stimme und Geste zu einem eindeutigen Kommando. Gehen Sie in die entsprechende Richtung mit und zeigen Sie Ihrem Hund auch jetzt wieder Ihr Profil, wenn Sie neben ihm hergehen.
3. Bestätigen Sie Ihren Hund, wenn er das gewünschte Verhalten zeigt – genauso, wie in der Longiersituation.

4. Starten Sie jedes Mal wieder von der Mitte und aus dem Sitz neu und gehen Sie jeweils nur ein paar Schritte in die gewählte Richtung. Die Fixpunkte dienen lediglich als Orientierungspunkte für die Laufrichtung, nicht als Ziellinien, die erreicht werden müssen.
5. Wenn dieses Loslaufen aus der Mitte in beide Richtungen gut funktioniert, bleiben Sie jetzt bei Ihrem Sicht- und Hörzeichen LINKS bzw. RECHTS in der Mitte stehen und blicken nur noch betont deutlich in Richtung Ihrer Fixpunkte. Zeigen Sie Ihrem Hund mit dem Arm die jeweilige Richtung an und setzen Sie als zusätzliche Hilfe einen Schritt in die angezeigte Laufrichtung.
6. Sobald Ihr Hund nun seinerseits aufsteht und einen Schritt in die richtige Richtung macht, bestätigen Sie ihn. Auf diese Weise verknüpft Ihr Hund das Kommando mit dem gewünschten Verhalten. Das Ziel dieser Übung ist tatsächlich schon erreicht, wenn Ihr Hund auf Ihr Kommando hin aufsteht und einen einzigen Schritt in die gewünschte Laufrichtung macht.

Nichtsdestotrotz gibt es Hunde, die partout sitzen bleiben, wenn ihr Mensch stehen bleibt. Hier führt nur eine noch engmaschigere Bestätigung zum Erfolg: Bereits der Blick in die richtige Richtung ist auf dem Weg dorthin schon als ein erster „Schritt" zu verstehen. Gleichzeitig besteht die Möglichkeit, dass ein sitzen bleibender Hund körpersprachliche Signale des Hundeführers spiegelt. Beobachten Sie sich doch einmal aus der Sicht des Hundes. Fordert Ihre Körperhaltung Ihren Hund auch wirklich dazu auf loszugehen, oder bleiben Sie vielleicht so frontal vor ihm stehen, dass er dies als Kommando BLEIB verstehen könnte? Sein vermeintliches Fehlverhalten wäre vorbildlich!

Tipp

Nicht ziehen!
Lassen Sie sich bitte nie dazu verleiten, Ihren Hund in die eine oder andere Richtung zu ziehen. Diese äußere Einwirkung auf den Hund stellt unerwünschte Verknüpfungsketten her, die später nur schwer wieder abzubauen sind.

Zurück am Kreis

1. Starten Sie jede neue Longiersituation immer wieder so, wie Sie es beim ersten Mal gemacht haben: Setzen Sie Ihren Hund außen am Kreis ab, gehen Sie selbst anschließend auf die innere Seite der Markierung und stellen Sie sich Ihrem Hund frontal gegenüber. Dieser ritualisierte Anfang sagt Ihrem Hund: „Longiermodus einschalten."

Zurück am Kreis variieren Sie die Kommandos LINKS, SITZ, RECHTS.

2. Warten Sie auch hier wieder auf den Blickkontakt durch Ihren Hund und starten Sie dann in die Richtung, die Ihrem Hund bereits bekannt ist. Auch wenn Sie gerade trainiert haben, dass Ihr Hund Ihr Kommando für eine Laufrichtung bereits ohne Ihr Mitlaufen umsetzt, laufen Sie jetzt noch neben ihm mit. Lassen Sie Ihrem Hund hierbei jedoch die Zeit, den ersten Schritt in die richtige Richtung ohne Ihr Mitgehen zu machen, um das neu gelernte Verhalten auch direkt abzurufen.

3. Gehen Sie eine Weile in aller Ruhe neben Ihrem Longierpartner weiter und bestätigen Sie ihn stimmlich dafür, dass er neben Ihnen herläuft und Ihnen seine Aufmerksamkeit schenkt.

So stellt die Leine auch bei Richtungswechseln keine Behinderung dar.

4. Wenn Sie jetzt das Signal STOPP/SITZ geben, achten Sie bitte darauf, dass Ihre Bewegungen kontrolliert, aber prompt ablaufen. Lassen Sie Ihren Hund nach dem STOPP-Signal nicht in der Warteposition hängen, sondern zeigen Sie ihm direkt, dass er Sitzen soll. Das soll nicht bedeuten, dass Sie hektisch werden. Allzu schnelle, plötzliche Zeichen würden die Konzentration aus der Situation nehmen, und eine mögliche Verunsicherung des Hundes könnte diesen wiederum vermeintliche Fehler machen lassen. Halten Sie die Spannung und Konzentration auch dann aufrecht, wenn Sie frontal vor Ihrem sitzenden Hund stehen. Auch wenn mal einen Moment lang augenscheinlich nichts passiert, muss die Konzentration und Spannung der Longiersituation erhalten bleiben. Diese Spannung zu halten, gelingt Ihnen beispielsweise durch bewusstes, tiefes Einatmen und die Aufrechterhaltung der eigenen Körperspannung. Stehen Sie Ihrem Hund nie schlaff gegenüber, sondern zeigen Sie ihm, dass auch Sie im „Arbeitsmodus“ sind.

5. Hatten Sie bislang die Laufrichtung LINKS eingeschlagen, dann geben Sie Ihrem Hund jetzt mit dem rechten Arm das Zeichen für die neue Richtung und sagen RECHTS. Da Sie mittlerweile schon auf einige Longierpraxis zurückgreifen können, werden Sie den Fauxpas „Komm,

rechts“ aus bekannten Gründen sicherlich nicht begehen.

Es soll spannend bleiben

Damit das Longieren für Ihren Hund spannend bleibt, sollten Sie nicht nach jedem STOPP/SITZ die Richtung ändern. Halten Sie sich immer wieder beide Optionen offen: Sie können in die vorherige Laufrichtung weiterlongieren oder die Gegenrichtung anzeigen. Für Ihren Hund soll es auf jeden Fall nicht vorhersehbar sein, wie es weitergeht. So verhindern Sie, dass der Vierbeiner vorausschauend selbstständig wird und nach jedem STOPP automatisch die Richtung ändert.

Das sollte nicht passieren: Der Hund stößt beim Richtungswechsel vor die Leine.

Info

Das Handling der Leine

Immer unten – der Halsbandring

Achten Sie im Vorfeld darauf, dass der Ring des Halsbandes unten, also auf der Höhe der Kehle Ihres Hundes hängt.

Richtig einhaken

Haken Sie den Karabiner der Leine immer hier unten und nicht oben, im Nacken des Hundes, ein. Schließlich wäre es für Ihren Hund nicht schön, wenn er in seiner Drehbewegung mit der Nase gegen die Leine laufen müsste.

Die hängende Leine

Lassen Sie die Leine so weit hängen, dass der Hund seinen Kopf oberhalb der Leine vorbeidrehen kann.

Wechseln der Leinenhand

Im Zuge des Richtungswechsels aus dem SITZ, in unserem Beispiel der Wechsel in die Laufrichtung RECHTS, halten Sie die Leine so lange in der ursprünglich inneren, also linken Hand, bis Sie mit der rechten Hand die neue Richtung angezeigt haben. Im Loslaufen wechseln Sie die Leine in Ihre rechte Hand, die jetzt die neue innere Hand ist. Ihre linke Hand hängt locker herunter und ist, als äußere Hand, nun wieder für das Anreichen der Belohnungsleckerlis frei. Halten Sie die Leine locker, ohne Zug.

Richtungswechsel aus der Bewegung

Beim Richtungswechsel aus der Bewegung nehmen wir den Zwischenstopp aus dem Bewegungsablauf heraus. Auch dabei sind Trockenübungen ohne Hund zunächst empfehlenswert.

Wenn wir den Zwischenstopp aus dem Ablauf lösen, bleiben in Bezug auf die Sicht- und Hörzeichen des Menschen dann zunächst nur die Kommandos LAUFRICHTUNG RECHTS – LAUFRICHTUNG LINKS übrig. Der Gesamtablauf des Richtungswechsels ist jedoch definitiv mehr als die Summe seiner Teile, da wir die Signale RECHTS – LINKS oder LINKS – RECHTS nicht einfach aneinanderhängen dürfen.

Misserfolge vermeiden

Stellen Sie sich die gesprochenen Sätze: „Wir laufen nach links", „Wir laufen nach rechts" vor. Als unmittelbar aneinander-

Und was kommt als Nächstes?

Der Partner vollzieht den Richtungswechsel nicht mit.

gereihte Handlungsanweisung erfolgen diese Aufforderungen so unvermittelt, dass sie zwangsläufig zu Irritationen führen. In der Kommunikation mit dem Hund wären Misserfolge vorprogrammiert.

Sagen wir stattdessen: „Wir laufen nach links, und jetzt ändern wir die Richtung und laufen nach rechts", versteht jeder, was gemeint ist. Wir brauchen also für unseren körpersprachlichen Wortschatz ein Zeichen, das „... und jetzt ändern wir die Richtung und laufen nach ..." bedeutet. Wir möchten Ihnen eine Übersetzung der gesprochenen Worte in die Körpersprache vorschlagen.

Trockenübungen ohne Hund

Da sich die Trockenübungen ohne Hund immer wieder bewährt haben, empfehlen wir Ihnen auch hier, Ihrem Hund eine Pause zu gönnen und Ihren Hundedarsteller erneut an den Kreis zu bitten. Versuchen Sie, ihm nonverbal den Richtungswechsel aus dem Laufen heraus anzuzeigen.

Würden Sie sich ohne Vorankündigung einfach plötzlich umdrehen, würde Ihr Partner kaum vermeiden können, zumindest ein paar Schritte in die zunächst eingeschlagene Richtung weiterzugehen, während Sie schon in die Gegenrichtung marschieren.

Die unmissverständliche Geste zeigt dem Partner das gewünschte Verhalten an.

Die Richtungssignale verknüpfen

Üben Sie diesen Ablauf der Einfachheit halber zuerst ohne Leine.

1. Zeigen Sie mit dem linken Arm einladend Ihre Laufrichtung an und gehen Sie nach links. Warten Sie unbedingt auf den Blickkontakt Ihres „Hundes", damit dieser das nächste Zeichen auch wahrnehmen kann.
2. Heben Sie Ihre rechte Hand zum Kopf des Hundedarstellers. In einer weiträumigen Bewegung führen Sie diese Hand nun in einem Bogen an seinem Kopf vorbei und drehen sich selbst langsam in die andere Richtung. Ihr „Hund" wird Ihrer Hand mit der Nase folgen und sich dabei in die neue Richtung wenden.

Wichtig! Langsamkeit ist bei diesem Ablauf die oberste Devise. Geben Sie Ihrem „Hund" die Zeit, Ihnen zu folgen. Achten Sie bei dieser Bewegung jedoch darauf, dass Ihre Hand die Nase Ihres „Hundes" nicht berührt. Ein sogenannter „Touch" würde falsche Verknüpfungen herstellen. Da Sie Ihrem „Hund" mit Ihrer Hand die Bewegung zwar zeigen, ihn aber nicht locken, sollten Sie unbedingt darauf verzichten, in dieser Hand ein Leckerchen zu haben.

3. Gegen Ende Ihrer Drehbewegung richten Sie Ihren Oberkörper wieder auf und weisen mit dem rechten Arm in die neue Laufrichtung. Hat Ihr „Hund" seine Wende mit Ihnen vollzogen, richten Sie Ihren Blick nach vorne, in Ihre Laufrichtung, und setzen das Longieren in diese Richtung fort.

Und jetzt ist Ihr Hund an der Reihe!

Jetzt ist die Pause für Ihren Vierbeiner auf jeden Fall beendet, denn in Ihren Trockenübungen haben Sie einstudiert, wie Sie Ihren Hund langsam und verständlich in den Richtungswechsel aus der Bewegung führen können.

Wir sagen dem Hund ohne Worte: „... und jetzt ändern wir die Richtung ..."

Behalten Sie Ihren Vierbeiner im Laufe des Manövers bitte immer im Auge und stimmen Sie das Tempo Ihrer Bewegungen auf ihn ab. Sobald er sich in die neue Richtung gewendet hat, bestätigen Sie ihn mit Click oder Markerwort, geben ihm seine Belohnung und longieren in die neue Richtung weiter. Da Sie beim Richtungswechsel nach rechts Ihre rechte Hand brauchen, um Ihrem Hund den Richtungswechsel vorzuführen, bleibt die Leine so lange in Ihrer linken Hand, bis die Gegenrichtung eingeschlagen ist. Erst dann wechseln Sie die Leine in die rechte Hand, damit jetzt wieder die dem Hund zugewandte linke Hand frei ist. Wenn Sie später den Richtungswechsel aus der Distanz anzeigen, kann Ihre Hand natürlich nicht mehr an der Nase des Hundes vorbeigeführt werden. Die Bewegung bleibt im Prinzip aber auch auf die Entfernung hin die gleiche.

Auch der vierbeinige Partner folgt dem deutlichen Sichtzeichen.

Longieren ohne Leine

Wie gut auch immer es Ihnen gelingt, das Handling der Leine zu meistern – beim Longieren ist die Leine letztlich eher störend. Ohne Leine macht es viel mehr Spaß. Probieren Sie es doch einfach einmal aus!

Es ist uns wichtig zu betonen, dass wir mit dieser Feststellung niemanden unter Druck setzen wollen. Es gibt Hunde, die an der Leine wunderbar longieren, die sich jedoch sofort verselbstständigen, sobald sie abgeleint werden. Diesen Mensch-Hund-Teams empfehlen wir, das Longieren zunächst weiterhin mit Leine bzw. Schleppleine zu praktizieren. Es ist doch eindeutig schöner, mit dem Hund an der Leine Spaß zu haben, als ohne Leine und ohne Hund am Kreis zurückzubleiben.

Da der Moment, auf die Leine zu verzichten, für jedes Hundeteam zu einem anderen Zeitpunkt gekommen ist, orientieren wir uns individuell daran, wie sicher das Zusammenspiel zwischen Mensch und Hund am Kreis abläuft. Niemand verlangt, dass Sie jetzt sofort auf die Leine verzichten. Auch die nächsten von uns vorgestellten Übungsschritte sind an der Leine bzw. einer längeren Schleppleine möglich. Zugegebenermaßen sind Distanzvergrößerungen und Tempowechsel aber einfacher, wenn Sie die Hände freihaben.

Leinen los!

Wenn Ihr Hund Spaß am Longieren hat, wenn er aufmerksam ist und nur noch wenige Korrekturen braucht, probieren Sie es doch einfach mal aus, die Leine wegzulassen – aber bitte ohne falschen Ehrgeiz.

Einzelschritte

1. Führen Sie Ihren Hund an der Leine an den Kreis heran und bringen Sie ihn ins SITZ. Wenn Sie die Leine jetzt abnehmen, sollten Sie sich unbedingt die Zeit nehmen, sie sorgfältig zu verstauen. Packen Sie sie in eine Tasche oder hängen Sie sich die Leine so diagonal um

Auch ohne Leine reißt hier die intensive Bindung nicht ab.

den Körper, dass sie Sie in Ihren Bewegungen nicht behindert und auch Ihrem Hund nicht vor dem Kopf schaukelt.

2. Nehmen Sie Ihre Position im Kreis ein und beginnen Sie das Longieren erst, wenn Ihr Hund Sie anschaut. Lassen Sie auf diese Weise eine nicht sichtbare Leine zwischen Ihnen beiden entstehen.

3. Longieren Sie mit Ihrem Hund und bestätigen Sie ihn anfangs wieder öfter. Belohnen Sie die Aufmerksamkeit, die er Ihnen zeigt, mit Click und Leckerlis, aber auch mit motivierender Stimme, mit eindeutiger Körpersprache und nicht zuletzt mit abwechselnden Kommandos.

Unterbrechungswort

Sollte Ihr Hund nun beginnen, sich für andere Dinge zu interessieren, rufen oder locken Sie ihn nicht in die ordentliche Longiersituation zurück. Freundliche und lobende Worte richten Sie nur an einen aufmerksamen Hund. Sobald Sie merken, dass die Konzentration Ihres

Hundes auf Sie nachlässt, fügen Sie ein kurzes Unterbrechungswort ein. „Unterbrechung“ bedeutet hierbei natürlich nicht, dass die Longiersituation unterbrochen wird, sondern dass jegliches Vorhaben des Hundes in eine unerwünschte Richtung unterbrochen wird. Je aufmerksamer Sie sind, desto schneller „riechen Sie den Braten“. Unterbrechen Sie schon die geringste Unaufmerksamkeit Ihres Hundes mit einem deutlichen, strengen „Eheh!“. Wenn er Sie daraufhin wieder anschaut, empfangen Sie seine Aufmerksamkeit mit sofortiger stimmlicher Freundlichkeit und weisen ihm einladend die unveränderte Richtung.

Wichtig! Die „Deutlichkeit“ Ihres Unterbrechungswortes richtet sich nach der Mentalität Ihres Hundes. Empfindliche

Dieser Hund lässt sich gerade von vorbeifliegenden Insekten ablenken.

Hunde brauchen entsprechend weniger strenge Worte und Gesten als sturköpfige Draufgänger.

Leinen Sie ihn ruhig wieder an!

Natürlich kann es passieren, dass Ihr Hund sich durch Ihr Unterbrechungswort nicht beeindrucken lässt und sich anderen Dingen zuwendet. Bestrafen Sie ihn hierfür nicht und schimpfen Sie auch nicht mit ihm. Gehen Sie lieber einen Schritt zurück, leinen ihn wieder an und longieren Sie zunächst noch an der Leine weiter.

Am Ende gibt es nur Erfolge

Beenden Sie jedes Longiertraining, auch jede Trainingseinheit, ausschließlich mit einem Erfolgserlebnis. Sollte der Versuch, die Leine wegzulassen, zu einem Misserfolg geführt haben, dürfen Sie das Training jetzt auf keinen Fall abbrechen. Zu groß wäre die Gefahr, dieses negative Erlebnis in die nächste Runde mit hineinzutragen. Um das zu vermeiden, geben Sie sich und Ihrem Hund die Gelegenheit, einen Erfolg zu erleben, und gehen Sie erst dann in die Pause. Ein einfaches, aber korrekt ausgeführtes STOPP/SITZ erfüllt bereits diesen Zweck. Auf diese Weise bleibt das Gefühl erhalten, dass Longieren etwas Positives ist – nicht nur für Ihren Hund, sondern auch für Sie.

Grundsätzlich liegt es in unserer Verantwortung als Hundeführer, unserem Hund so wenig Gelegenheiten wie möglich zu geben, Fehler zu machen. Wenn Hunde viel mehr Erfolge (=Bestätigung) als Misserfolge (=ausbleibende Bestätigung) erleben dürfen, bleibt ihre Motivation erhalten und das gewünschte Verhalten stellt sich viel schneller ein.

Frühzeitige Bestätigung hilft dem Hund, aufmerksam zu bleiben.

Das Handling der Schleppleine

Sollte Ihr Hund sich im Laufe Ihrer Longierübungen doch immer wieder selbstständig vom Kreis entfernen, werfen Sie die Flinte jetzt noch nicht ins Korn. Die Verwendung einer Schleppleine hilft Ihnen und Ihrem Hund, alle Vorzüge des Longiersports nutzen und genießen zu können.

Einhaken und loslegen!

Da Sie bislang immer in der Nähe Ihres Hundes an der Kreismarkierung entlanggegangen sind, reichte für die Sicherung des Hundes eine normale 2-Meter-Leine aus. Für die Vergrößerung der Distanz zwischen Ihnen und Ihrem Hund benötigen Sie nun eine ca. 5 Meter lange Schleppleine, die am Halsband Ihres Hundes eingehakt wird. Die Länge der Schleppleine muss den Radius Ihres Kreises gut überbrücken können.

Wichtig! Denken Sie daran, auch den Karabiner der Schleppleine nicht im Nacken des Hundes am Halsband zu befestigen, sondern immer unten, auf der Höhe der Kehle (siehe Seite 55). Nur so kann vermieden werden, dass der Hund bei Richtungswechseln in die Leine läuft.

Tipp

Die richtige Schleppleine zum Longieren
Wir empfehlen Ihnen, der Einfachheit halber, eine runde oder sehr schmale Schleppleine zu wählen. Diese ist vom Gewicht her leichter als eine breite Leine und liegt viel besser in der Hand.

Kein Auf- und Abwickeln! Versuchen Sie nicht, die Leine komplett aufgewickelt in der Hand zu halten. Dies würde ein ständiges Auf- und Abwickeln der Schleppleine erfordern, das nicht nur unnötig, sondern auch extrem schwierig ist und Sie aus diesem Grunde nur behindern würde. Legen Sie stattdessen den Bereich der Leine in Ihre Hände, der Ihnenden gewünschten Abstand zum Hund ermöglicht. Das hintere Ende der Leine lassen Sie auf den Boden hängen.

Die innere Hand führt die Schleppleine vor dem Körper. Beim Richtungswechsel greift die neue, innere Hand nach vorne.

Den Abstand variieren Um den Abstand zum Hund nun zu variieren, greifen Ihre Hände an der Leine vor, bzw. zurück, während Sie sich gleichzeitig zum Hund hin, bzw. von ihm weg bewegen.

Nach links longieren Wenn Sie nach links longieren, halten Sie Ihre linke Hand nach vorne, vor Ihren Körper, und legen die Schleppleine von oben locker in die Hand hinein. Ihre rechte Hand halten Sie in Hüfthöhe etwas hinter den Körper und halten die Leine hier von oben. Das Ende der Leine hängt auf dieser Seite hinter Ihnen auf dem Boden. Wenn Sie in die andere Richtung longieren, machen Sie das Ganze seitenverkehrt.

Richtungswechsel Bei einem Richtungswechsel steigen Sie über das hinter Ihnen hängende Leinenende hinüber und ändern Ihre Handhaltung entsprechend der neuen Richtung: innere Hand vorne, äußere Hand hinten.

Kontakt halten Lassen Sie die Leine zwischen sich und Ihrem Hund nicht durchhängen, sondern halten Sie sie „auf Kontakt", aber nicht „auf Zug".

Der richtige Abstand Von der Größe Ihres Hundes auf der einen Seite und der Höhe Ihrer Hände auf der anderen Seite wird der Abstand der Leine zum Boden bestimmt. Sowohl die Kreismarkierung als auch alle Markierungsstäbe müssen selbstverständlich unterhalb der Schleppleine liegen, um ein Hängenbleiben zu verhindern.

Übung macht den Meister! Vielleicht bedarf es anfangs einiger Übung, damit die Schleppleine als Hilfsmittel dient und nicht als Störfaktor Unruhe oder gar Stolperfallen in die Longiersituation bringt. Bei Bedarf lässt sich auch das Handling der Schleppleine als Trockenübung ohne Hund üben.

So gehalten ist die Schleppleine ein Hilfsmittel und kein Störfaktor.

Distanz-vergrößerung

Beim Longieren entsteht über die Einhaltung von Distanz ein enger, konzentrierter, nonverbaler Kontakt zum Hund. Nachdem Sie die bisherigen Übungsschritte in großer Nähe zum Hund trainiert haben, um mit der Regel „Hund außen, Mensch innen" vertraut zu werden, beginnen wir nun mit der Distanzvergrößerung.

Der Kreis ist die Grenze

Wenn wir die Entfernung zu unserem Hund jetzt langsam vergrößern, muss er die Kreismarkierung weiterhin als Grenze tolerieren, die er nicht überschreiten darf.

Sie können Ihrem Hund dabei helfen, diese Toleranz aufzubringen: Versichern Sie ihm durch Ihr Lob immer wieder, dass er das Richtige macht, wenn er außerhalb der Kreismarkierung bleibt. Gleichzeitig erfährt der Hund durch unser Verhalten, dass wir zwar einerseits die Distanz vergrößern, unsere Zeichen, unsere Haltung und unsere Spielregeln ihm gegenüber aber konstant bleiben. Obwohl wir uns entfernen, wenden wir uns nicht ab oder gar weg. Der Hund gewinnt die Sicherheit, dass wir über die Distanz hinweg mit ihm in Kontakt bleiben und uns nicht anderweitig mit anderen Dingen, ohne ihn, amüsieren. Im Zuge der Distanzvergrößerung sind wir noch einmal ganz besonders aufgefordert, auf unseren vierbeinigen Partner zu achten und ihm Sicherheit zu geben.

„Wehren fördert Begehren"

Besonders für Hunde, die sich mit der Aufmerksamkeit auf ihren Hundeführer schwer tun, stellt gerade die Distanzvergrößerung das Mittel zur Verhaltensänderung dar. In dem Moment, in dem sich der Mensch vom Hund entfernt, wächst dessen Interesse am Menschen enorm. „Wehren fördert Begehren" – dieses Sprichwort erklärt in nur drei Worten die komplexen Zusammenhänge von Nähe und Distanz nicht nur in der zwischenmenschlichen Kommunikation.

Schlangenlinien

Natürlich erwarten wir auch im Zuge der Distanzvergrößerung zunächst nur Teilleistungen und bauen das Erreichen der kompletten Distanz schrittweise auf.

Einzelschritte

1. Ausgangsposition Im Moment stehen bzw. laufen Sie, Ihrem Trainingsstand entsprechend, noch nah an der Kreismarkierung. Während des Laufens zeigt Ihre äußere Schulter nach außen, vom Kreis weg, während Ihre andere Schulter zum Mittelpunkt zeigt. Stellen Sie sich nun bitte eine imaginäre Verbindungslinie zwischen Ihrer inneren Schulter und dem Kreismittelpunkt dar. Dies ist die Linie, auf der Sie sich nach innen bewegen.

2. Seitlich nach innen laufen Zunächst laufen Sie wie gewohnt neben Ihrem Hund an der Kreismarkierung entlang. Während Sie bislang auf einer mehr oder weniger geraden Linie, also in einem konstanten Abstand zum Hund gelaufen sind, bauen Sie jetzt Schlangenlinien ein. Das heißt, dass Sie Ihren nächsten Schritt nicht nach vorne, sondern seitlich nach innen setzen. Durch diesen seitlichen Schritt nach innen hat sich die Entfernung zum Hund um einen kleinen Meter vergrößert.

Achtung! Ganz wichtig ist hierbei, dass Ihr Schritt nach innen tatsächlich auf der direkten Verbindungslinie zum Kreismittelpunkt erfolgt. Wir beschreiben das so penibel, weil oft der Fehler passiert, dass der Hundeführer seinen Hund dadurch überholt, dass er statt direkt nach innen, schräg vorwärtsgeht. Nur ein echtes Nach-innen-Gehen gewährleistet, dass Hundeführer und Hund auf einer Höhe bleiben. Ein Überholen des Hundes führt zu unerwünschten Folgeerscheinungen: Der Hundeführer dreht sich nach hinten zu seinem Hund um, den er gerade überholt hat. Diese Bewegung zum Hund hin versteht dieser jedoch als Stopp-Signal. Ein Hinwenden zum Hund könnte diesem zudem vermitteln, etwas falsch gemacht zu haben.
Achten Sie beim Nach-innen-Gehen auch darauf, dass Ihre Schultern sowohl mit dem Hund als auch mit dem Kreismittelpunkt auf einer Linie bleiben. Jegliches Eindrehen in die eine oder andere Richtung könnte der Hund als ein „Bleib stehen!“ oder „Komm hinter mir her!“ missverstehen.

3. Wieder dem Hund annähern Schon im nächsten Schritt nähern Sie sich wieder Ihrem Hund an. Bei der Wiederannäherung gehen Sie jetzt schräg vorwärts auf

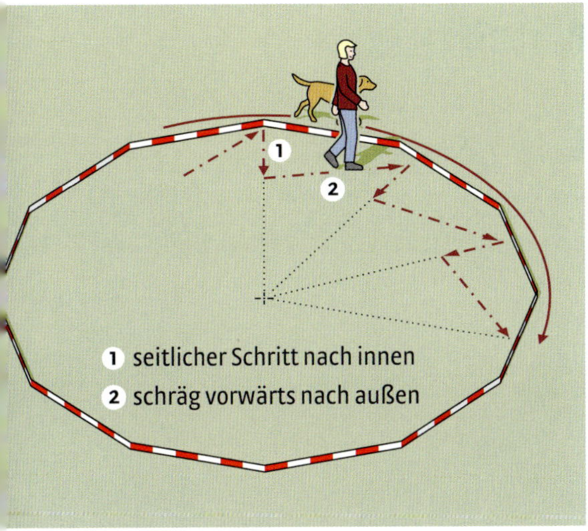

In Schlangenlinien variieren Sie die Distanz zu Ihrem Hund. Dieser langsame Aufbau der Entfernung gibt Ihrem Hund – und Ihnen – Zeit, sich mit der Erfahrung der Distanz vertraut zu machen.

die Kreismarkierung zu, damit es diesmal nicht der Hund ist, der Sie überholt.

4. Schlangenlinien variieren Versuchen Sie beim nächsten Mal, zwei Schritte nach innen zu gehen, und nähern Sie sich auch nach dieser größeren Distanz wieder der Kreismarkierung an. Indem Sie Ihre Schlangenlinien variieren und zwischendurch auch immer wieder eine Weile in der Nähe des Hundes laufen, können Sie ihn langsam mit der Erfahrung der Distanz vertraut machen.

Die Belohnung auf Distanz

Ganz wichtig ist natürlich auch in dieser neuen Trainingseinheit wieder die richtige Bestätigung des Hundes. Dafür, dass er die Kreismarkierung trotz der Distanz nicht überquert und uns seine ungeteilte Aufmerksamkeit schenkt, hat er eine Belohnung verdient. Ein stimmliches Lob ist natürlich zu jedem Zeitpunkt und auf jede beliebige Entfernung hin möglich und notwendig.
Durch die Entfernung zum Hund stellt sich der Belohnungsablauf mit Click bzw. Markerwort und anschließendem Leckerchen jedoch ein wenig anders dar als bisher. Unabhängig davon, ob Sie Ihren Hund aus einem Meter Entfernung oder aus drei Metern Entfernung bestätigen möchten, müssen Sie die Distanz zu ihm spätestens dann wieder zurücknehmen, wenn Sie ihm ein Leckerchen geben möchten.

Fehler beim Belohnen vermeiden

Zunächst einmal hört Ihr Hund Ihr akustisches Signal (Click oder Markerwort) aus der Entfernung. Und jetzt gibt es zwar drei Möglichkeiten, aber nur eine ist das Mittel der Wahl.
Wenn Ihr Hund zu Ihnen in den Kreis kommt, um sich sein Futter abzuholen, bekommt er keine Belohnung, sondern wird wieder rausgeschickt. Die

Möglichkeit, dass Sie nach dem Click/Markerwort direkt und frontal zu Ihrem Hund gehen, um ihm das Leckerli zu geben, hätte zur Folge, dass Ihr Hund stehen bleibt, weil Sie ihn körpersprachlich dazu auffordern. Deshalb unterlassen Sie auch dies.
Wie versprochen stellt die dritte Möglichkeit schließlich die Lösung dar. Um diese zu verdeutlichen verweisen wir hier auf die nebenstehende Grafik.

Richtig belohnen – so wird's gemacht

Nachdem Sie Ihre akustische Bestätigung gegeben haben, gehen Sie nicht direkt auf Ihren Hund zu. Laufen Sie stattdessen schräg vorwärts, in Laufrichtung, auf die Kreismarkierung zu, allerdings ohne dem Hund Ihren Oberkörper zuzuwenden. Loben Sie Ihren Hund währenddessen stimmlich, um ihn so bereits zum Weiterlaufen zu animieren. Ihr Hund läuft seine Strecke weiter und erhält sein Leckerchen in dem Moment aus Ihrer Hand, in dem Sie die Kreismarkierung erreicht haben und dort unvermindert weiter in Laufrichtung gehen. Im Anschluss können Sie nun wieder die Distanz zum Hund vergrößern.
Auch wenn der Ablauf der Bestätigung gut geklappt hat, lassen Sie sich nicht verleiten, die Distanz jetzt zu schnell aufzubauen. Geben Sie sich Zeit!

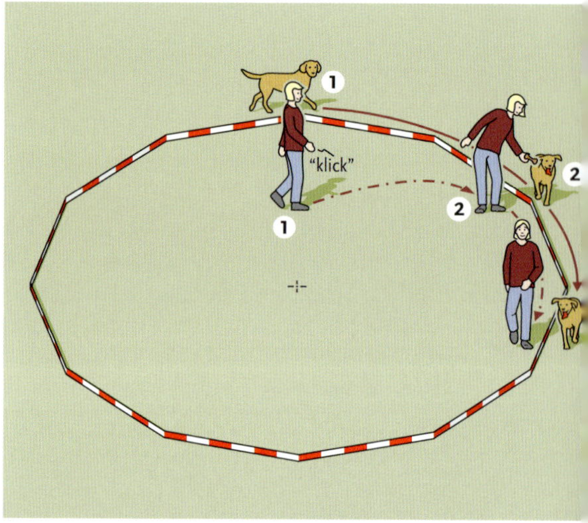

Belohnung ist wichtig. Auf diese Weise vermeiden Sie dabei Fehler: Nach dem Click nähern Sie sich auf der rot gestrichelten Linie der Kreismarkierung an, während Ihr Hund außen am Kreis weiterläuft. Loben Sie ihn dabei stimmlich! An der Markierung angekommen, füttern Sie ihn wie gewohnt.

Die komplette Distanz

Die komplette Distanz zum Hund ist dann erreicht, wenn der Hundeführer in der Kreismitte steht und sein Hund jenseits der Kreismarkierung agiert und reagiert.

Schlangenlinien ausweiten

Die komplette Distanz erreichen Sie, indem Sie Ihre Schlangenlinien immer mehr ausweiten. Gehen Sie dabei nicht stetig weiter von Ihrem Hund weg, sondern stellen Sie wechselweise mal mehr, mal weniger Distanz her. Auf diese Weise geben Sie Ihrem Hund Sicherheit. Sein Vertrauen in Sie und in die Longiersituation wird immer stärker.

In unseren Longierkursen konnten wir diesbezüglich immer wieder beobachten, wie sehr es letztlich der Mensch ist, der in dieser Phase lernt, seinem Hund zu vertrauen. Und zwar unabhängig davon, ob mit oder ohne Leine longiert wird.

Auf dem Weg zur kompletten Distanz helfen Ihnen Ihre positive Grundeinstellung, Ihre klare Körpersprache und Ihr gut funktionierendes Belohnungssystem, dieses wechselseitige Vertrauen zu festigen.

Wenn es noch nicht klappt

Sollte Ihr Hund die Distanz noch nicht akzeptieren, sondern stattdessen wiederholt die Kreismarkierung überqueren, gehen Sie einfach ein paar Schritte zurück und verringern die Distanz. Vielleicht braucht Ihr Hund zur Sicherheit aber auch noch ein paar Übungseinheiten Schlangenlinien. Wie so oft im Leben gilt auch beim Longieren: „Der Weg ist das Ziel!" Das Erlebnis der intensiven Bindung zum Hund lässt sich auch genießen, wenn die größere Distanz zu diesem Zeitpunkt noch nicht funktioniert.

Körpersprache beachten

Achten Sie auf dem Weg zur kompletten Distanz unbedingt wieder auf Ihre Körpersprache: Gehen Sie seitlich nach innen! Laufen Sie zum Füttern schräg vorwärts nach außen! Stoppen Sie Ihren Hund nicht dadurch, dass Sie sich ihm frontal zuwenden!

Gemeinsame Konzentration – verbindende Kommunikation

Der Kreismittelpunkt

Herzlichen Glückwunsch! Halten Sie sich einmal vor Augen, was Sie und Ihr Hund bis jetzt geschafft haben: Sie stehen im Zentrum eines Kreises und kommunizieren über körpersprachliche Zeichen mit Ihrem Hund, der außen an der Kreismarkierung entlangläuft, seine gesamte Aufmerksamkeit auf Sie fokussiert, die Kreismarkierung als Grenze akzeptiert, und Ihre Signale umsetzt.
Auch wenn Sie selbst in dieser Position natürlich nicht mehr neben Ihrem Hund herlaufen – an der Durchführung Ihrer Sicht- und Hörzeichen ändert sich nichts. Alle Signale, die Sie zunächst mit einem menschlichen Partner ausprobiert und schließlich mit Ihrem Hund eintrainiert haben, finden auch jetzt ihre unveränderte Anwendung.

Versuchen Sie die Kommandos RECHTS – STOPP/SITZ – LINKS – RICHTUNGSWECHSEL AUS DER BEWEGUNG miteinander zu kombinieren. Passen Sie sich aber bitte auch jetzt immer der Mentalität, der Energie und dem Leistungsstand Ihres Hundes an. Erhalten Sie das Longieren für sich und Ihren Hund als einen Sport, der Spaß macht und vermeiden Sie, Ihren vierbeinigen Partner zu überfordern.

Bestätigung aus der Kreismitte

Loben und Bestätigen bleiben nach wie vor wichtige Faktoren, um die Motivation des Hundes aufrechtzuerhalten. Auch aus der Kreismitte sollten Sie weder mit stimmlichem Lob noch mit Essbarem sparen. Da ein Click oder Markerwort ein Versprechen auf ein Leckerchen ist, müssen Sie auch von der Kreismitte aus Ihren Weg zu Ihrem Hund finden. Und auch diesmal sollten Sie vermeiden, Ihren Hund zu Ihnen in den Kreis zu locken oder ihn zu stoppen. Rechnen Sie vorausschauend den Bereich der Kreismarkierung aus, an dem Sie mit Ihrem Hund zusammentreffen, und gehen Sie in einem Bogen (gestrichelte Linie in der Grafik) auf diesen Punkt zu. Laufen Sie hier ein paar Schritte neben ihm her, während Sie ihm das Leckerli reichen, und bewegen Sie sich seitlich auf der Verbindungslinie zum Kreismittelpunkt wieder nach innen.

Tipp

Schulterhaltung beachten
Achten Sie besonders auf die Haltung Ihrer Schultern, denn auch in der Kreismitte wenden Sie Ihrem Hund Ihre äußere Schulter zu und blicken selbst in Laufrichtung. Dementsprechend drehen Sie sich um Ihre eigene Achse.

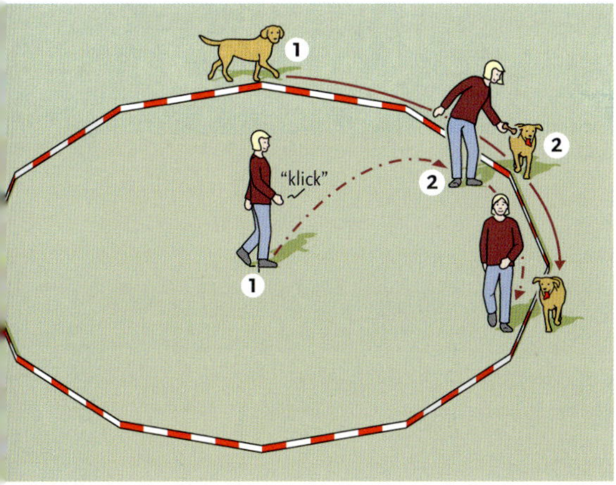

Auch aus der Kreismitte heraus finden Sie den richtigen Weg zu Ihrem Hund (rot gestrichelte Linie), um diesen an der Kreismarkierung zu belohnen.

Bekannte Übungen in neuer Situation

Um die Kommandos SITZ, PLATZ und STEH am Longierkreis ausführen zu können, muss Ihr Hund diese schon im Vorfeld gelernt haben und sicher umsetzen können. Sollte dies nicht der Fall sein, trainieren Sie diese Kommandos mit ihm unbedingt außerhalb der Longiersituation. Am Longierkreis sollte immer nur bereits Bekanntes umgesetzt werden.

Voraussetzungen

Wir gehen in der folgenden Beschreibung davon aus, dass Ihr Hund Ihre Signale für SITZ, PLATZ und STEH bereits kennt und sicher in jeder Alltagssituation ausführt, vielleicht auch schon auf Distanz. Für den Transfer an den Longierkreis benötigen Sie auch für diese Kommandos wieder sowohl Sicht- als auch Hörzeichen.

SITZ

Über ein SITZ außerhalb der Kreismarkierung brauchen wir an dieser Stelle eigentlich gar nicht mehr viele Worte zu verlieren, weil sowohl Sie als auch Ihr Hund dieses Manöver längst beherrschen:
Natürlich immer wieder nur unter der Voraussetzung, dass Ihr Hund vor-

Die Körperhaltung hat den Hund gestoppt, das Handzeichen zeigt das Kommando SITZ an.

schriftsmäßig außen an der Kreismarkierung entlangläuft und Sie anblickt, wenden Sie sich ihm frontal zu und geben ihm direkt Ihr Signal für das SITZ. Indem Sie sich Ihrem Hund frontal zuwenden, stoppen Sie diesen in seiner Bewegung. Spannen Sie ihn jetzt nicht dadurch auf die Folter, dass Sie ihn zu lange warten lassen. Wenn er nicht gezeigt bekommt, was er machen soll, wird seine Konzentration auf Sie möglicherweise nachlassen und er wendet sich anderen Beschäftigungen zu. Oder aber er wird unsicher und bietet Manöver an, die Sie gar nicht angezeigt haben – er versucht herauszufinden, was er tun soll! Aus diesem Grund sollten Ihr Zuwenden und das Sichtzeichen für SITZ als eine flüssige Bewegung erfolgen. Bestätigen Sie Ihren Hund mit Click/Markerwort und Leckerchen und geben Sie ihm anschließend wieder eine Laufrichtung vor.

Alle Kommandos sollten zunächst außerhalb der Longiersituation eingeübt …

PLATZ

Da wir das PLATZ am Longierkreis bisher nicht eingeführt haben, empfehlen wir Ihnen, für dieses neue Manöver wieder näher an der Kreismarkierung zu laufen. Laufen Sie ein paar Schritte mit Ihrem Hund mit und wenden Sie sich ihm in dem Moment, in dem er Ihnen seine

… und erst dann in den Longierablauf integriert werden.

konzentrierte Aufmerksamkeit schenkt, frontal zu. Genau wie beim SITZ. Wenn Sie ihm jetzt, ohne ihn warten zu lassen, Ihr Sicht- und Hörzeichen für das PLATZ geben, wird er sich sehr wahrscheinlich Ihnen zugewendet ins PLATZ legen. So können wir es bei den meisten Hunden beobachten. Es gibt nur sehr wenige Hunde, die sich parallel zur Kreismarkierung hinlegen. Wir möchten Ihnen und Ihrem Hund an dieser Stelle keine Vorgaben darüber geben, wie Ihr Hund liegen soll – uns ist wichtig, dass er das Kommando PLATZ prompt ausführt. Vergessen Sie nicht, Ihren Hund für sein richtiges Verhalten zu bestätigen, und zeigen Sie ihm danach, in welche Richtung es weitergehen soll.
Selbstverständlich können Sie nach jedem STOPP, sei es nun ein SITZ, ein PLATZ oder ein STEH, einen Richtungswechsel anschließen. Nutzen Sie doch die Gelegenheit und gestalten Sie das Longieren abwechslungsreich und für Ihren Hund immer wieder spannend.

STEH

Um das Kommando STEH am Kreis auszuführen, verfahren Sie genauso, wie Sie es auch beim SITZ und beim PLATZ eintrainiert haben.
Zugegebenermaßen ist das STEH das Schwierigste dieser drei Kommandos.

Nicht etwa deshalb, weil es vom Hund schwer auszuführen ist, sondern weil es im Alltag eher selten geübt und gebraucht wird. Wenn Sie das STEH in Ihr Longierrepertoire aufnehmen wollen, sollten Sie sicher sein, dass Ihr Hund es auch umsetzen kann. Vermeiden Sie einfach jede Gelegenheit, mit Ihrem Hund am Longierkreis Enttäuschungen zu erleben. Sich über ein erfolgreiches SITZ zu freuen, ist viel schöner, als sich über ein halbes, getrippeltes STEH zu ärgern.

Kommandos, die bereits beherrscht werden, sollten immer auch auf die Entfernung hin angezeigt werden.

Immer wieder Distanz wagen

Für eine abwechslungsreiche Trainingseinheit Longieren stehen Ihnen mittlerweile schon einige Elemente zur Verfügung, die Sie miteinander kombinieren, um nicht zu sagen choreografieren können. Da Sie bereits ausprobiert haben, wie Sie die Distanz zu Ihrem Hund variieren können, um schließlich Ihre Endposition in der Kreismitte zu erreichen, steht es Ihnen frei, jetzt auch neu hinzugekommene Kommandos aus größerer Distanz anzuzeigen.

Grundsätzlich sollte alles Neue zunächst aus der Nähe geübt werden werden – das gibt Ihnen und Ihrem Hund Sicherheit. Halten Sie sich jedoch immer das Ziel vor Augen, Ihren Hund aus der Entfernung heraus zu führen. Einerseits müssen Sie natürlich langsam und behutsam vorgehen, andererseits sollten Sie die Distanz jedoch auch nicht vermeiden.

Gegenseitige Aufmerksamkeit – auch der Mensch ist gefordert

Ihr Hund soll auf alle Kommandos, die Sie ihm anzeigen, entsprechend reagieren, während Sie wiederum auf seine Aufmerksamkeit, auf seinen Blick hin mit neuen Aktionen reagieren. Somit findet in diesem Stadium Ihres Longiertrainings auf beiden Seiten der Kreismarkierung Aktion und Reaktion statt. Während im Verlauf der ersten Schritte am Kreis grundsätzlich der Hund mit seiner Aufmerksamkeit zu uns agieren musste, bevor wir ihm eine Reaktion mitteilten, stellt sich das Longieren jetzt als wechselseitiges Agieren und Reagieren dar.

Da Sie als Hundeführer sowohl die Auswahl der Kommandos treffen als auch über die Größe der Distanz entscheiden, liegt es auch in Ihrer Verantwortung zu beurteilen, ob Ihr Partner jenseits der Kreismarkierung seinen Part sicher leisten kann.

Wichtig! Je mehr Sie sich von Ihrem Hund entfernen, um so intensiver sollte gleichzeitig Ihre Aufmerksamkeit auf ihn werden. Natürlich steht der Mensch beim Longieren im Fokus des Hundes. Doch dieser Aufmerksamkeit muss der Mensch auf verantwortungsvolle Weise Rechnung tragen: Überforderung, Überlastung, Frustration oder gar Strafe sind Erlebnisse, von der wir die Longiersituation ebenso freihalten sollten, wie von Eintönigkeit und Langeweile.

Die Höhe des Bandes abbauen

Als Sie mit Ihrem Hund die ersten Schritte am Longierkreis geübt haben, sollte die Höhe des Flatterbandes ungefähr auf Schulterhöhe Ihres Hundes befestigt sein. Die zu akzeptierende Grenze war für Ihren Hund so am deutlichsten wahrnehmbar. Je sicherer Ihr Hund die Spielregeln des Longierens kennen und akzeptieren gelernt hat, umso mehr können Sie die Höhe des Flatterbandes jetzt abbauen. Setzen Sie hierzu in kleinen Schritten das Band immer tiefer, bis es schließlich nur noch eine Handbreit über dem Boden angebracht ist. Hier stellt es für Sie und Ihren Partner dann wirklich nur noch eine Markierung dar.

Tipp

Verweisen aus dem Kreis
Wenn Sie Ihren Hund jetzt einmal aus dem Kreisinneren verweisen müssen, brauchen Sie ihn selbstverständlich nicht mehr unter dem Flatterband durchzuführen. Treten Sie einfach mit dem Fuß auf das Band, sodass es ganz am Boden liegt. Ihr Hund kann es jetzt ohne Sprung überqueren.

Jetzt legen wir einen Gang zu!

Tempowechsel und Gangarten

Für außenstehende Zuschauer ist der Wechsel der Gangarten ein ganz besonders spektakuläres Manöver. Es wirkt wie Zauberei, wenn ein Mensch aus der Entfernung die Geschwindigkeit seines Hundes nicht nur beeinflussen, sondern exakt regulieren kann. Und das nur mithilfe seiner Stimme und seiner Körpersprache.

Diese Königsdisziplin des Longierens lässt sich viel leichter erlernen als es aussieht. Nichtsdestotrotz ist der Tempowechsel ein riesiger Sprung im Longierfortschritt des jeweiligen Mensch-Hund-Teams.

Die drei Gangarten

Schritt, Trab und Galopp – dies sind die drei Gangarten, die man aus dem Pferdesport kennt und zwischen denen auch der Lauf des Hundes variieren kann.
Die Gangarten unterscheiden sich natürlich durch ihre Geschwindigkeit.
Wenn man jedoch die genaue Abfolge beobachtet, in der der Hund seine Pfoten absetzt, nach vorne führt oder schwingt und wieder aufsetzt, kann man exakt zwischen den Gangarten differenzieren. Stellen wir uns den Lauf des Hundes in Zeitlupe vor, sehen wir Folgendes:

Schritt

Im Verlauf der ruhigsten Gangart, dem Schritt, hat der Hund immer drei Pfoten auf dem Boden. Nacheinander setzt er beispielsweise vorne links auf, dann hinten rechts, dann vorne rechts, dann hinten links. Dieses Nacheinander kann sich auch überschneiden, die Übergänge der Bodenkontakte sind fließend. Der Schritt hat keine Schwebephase, da permanent Bodenkontakt besteht. Man spricht von einer Viertaktgangart.

Trab

Bei der schnelleren Gangart Trab, werden jeweils die diagonalen Beinpaare gleichzeitig aufgesetzt und dann wieder nach vorne geschwungen, wobei eine kurze Schwebephase entsteht. Trab ist eine Zweitaktgangart, Galopp eine Dreitaktgangart.

Galopp

Das Aufsetzen der Beine im Galopp erfolgt beispielsweise im Linksgalopp in dieser Abfolge: Nach einer langen Schwebephase setzt zuerst hinten links auf, dann hinten rechts, zusammen mit vorne links, dann vorne rechts. Anschließend folgt wieder die Schwebephase.

Passgang

Eine häufig auftretende Variante zu den beschriebenen Gangarten ist der Passgang. Hierbei hebt der Hund die Pfoten nicht kreuzweise nacheinander vom Boden ab, sondern hebt jeweils Vorder- und Hinterpfote einer Seite zusammen und setzt sie entsprechend zusammen wieder auf. Der Passgang ist sowohl in langsamen als auch in schnellen Gangarten zu beobachten.

Die häufigste Hauptgangart – der Trab

Im Laufe Ihres bisherigen Longiertrainings haben Sie bestimmt festgestellt, dass Ihr Hund eine Gangart häufig benutzt. Die meisten Hunde traben um den Longierkreis, wenn ihnen kein anderes Tempo vorgegeben wird und wenn ihr Hundeführer nicht grundsätzlich extrem langsam neben ihnen läuft. Diese Hauptgangart, die der Hund von sich aus anbietet, nutzen wir, um sie mit einem Kommando zu verknüpfen.

Die Freude am Galopp ist diesem Hund deutlich anzusehen.

Das Signal: TE-RAB

Wir benutzen die Bezeichnung TRAB, sprechen sie jedoch in zwei Silben aus, sodass ein TE-RAB entsteht. Auf diese Weise können Sie das Wort schöner intonieren: Für die Verlangsamung aus dem Galopp sprechen Sie die zwei Silben langsam, beruhigend aus, für die Beschleunigung aus dem Schritt können Sie stimmlich anfeuern.
Da Sie momentan jedoch weder verlangsamen noch beschleunigen möchten, sprechen Sie das Wort in der folgenden Situation freundlich neutral aus: Während der Hund aufmerksam um den Kreis trabt, bestätigen Sie ihn zunächst auf die gewohnte Weise. Fügen Sie das Wort „Te-rab“ hinzu, verbinden dies aber sofort mit einem stimmlichen Lob: „Fein – TE-RAB – fein.“ Sollte der Hund seinen Trab fortsetzen, bestätigen Sie ihn mit Clicker/Markerwort und anschließendem Leckerli. Idealerweise sollte der Hund beim Füttern nicht gebremst werden, sondern im Trab weiterlaufen. Wiederholen Sie das Wort, das Sie Ihrem Hund ankonditionieren möchten, mehrfach: „TE-RAB – Fein!“

Tipp

Kleine Hunde galoppieren lassen
Der Trab ist, wie gesagt, für die meisten Hunde die Gangart, die sie von sich aus anbieten. Einige kleine Hunde aber, wie beispielsweise unsere Möpse, traben jedoch nicht, sondern sie galoppieren! Verknüpfen Sie bei galoppierenden Hunden einfach zuerst das Kommando GA-LOPP mit der angebotenen Gangart.

Der Tempowechsel vom Trab in den Schritt

Wir haben die Erfahrung gemacht, dass es einfacher ist, einen Hund mittels der menschlichen Körpersprache zu bremsen, als ihn zu beschleunigen. Aus diesem Grund wählen wir für den ersten Tempowechsel eine Verlangsamung. Angenommen, Ihr Hund hat bislang beim Longieren getrabt, so bremsen Sie ihn durch die folgende Übung in den Schritt:

1. An die Kreismarkierung Gehen Sie, während Ihr Hund trabend longiert, an die Kreismarkierung heran. Wenden Sie sich dabei Ihrem Hund zu, indem Sie Ihren Oberkörper leicht eindrehen, ohne jedoch frontal vor ihm herzugehen.

2. Blickkontakt und Lauftempo Schauen Sie Ihren Hund an und verlangsamen Sie Ihr eigenes Lauftempo sichtbar: Das bedeutet, dass Sie tatsächlich einen geduckten Schleichschritt in Laufrichtung einnehmen. Gestalten Sie diese

Blickkontakt zum Hund, größere Nähe …

… sowie der geduckte, schleichende Gang lassen den Hund sein Tempo drosseln.

Bewegungsveränderung spannend, indem Sie deutlich zu Ihrem Hund gucken und betont langsam gehen. Keinesfalls sollten Sie die Verlangsamung mit Entspannung verwechseln. Nehmen Sie uns die klaren Worte nicht übel, aber ein schlaffer, gelangweilter Schlurfschritt wird Ihren Hund eher dazu animieren, Quatsch zu machen, als zu einer kontrollierten, verlangsamten Gangart. Realisieren Sie Ihren eigenen Gang durch bewusste, kraftvolle Einzelbewegungen und atmen Sie in tiefen, langsamen Atemzügen.
Ihr Hund wird auf Ihre Bewegung mit einer Verlangsamung seiner Gangart reagieren. Vielleicht macht er dies sogar nicht zuletzt deshalb, weil er sich schlicht und einfach über Ihr Verhalten wundert.

3. Loben Sobald er Schritt läuft, loben Sie ihn sowohl stimmlich als auch mit Clicker/Markerwort und wiederholen das neu zu lernende Kommando auch hier wieder als Zweisilber: SCHERITT – Fein! – SCHERITT. Bewahren Sie auch während des Lobens eine deutliche Ruhe und kontrollieren Sie auch Ihre Stimmlage. Würden Sie Ihren Hund an dieser Stelle zu überschwänglich loben, könnte er Ihre Freude als Aufforderung verstehen, wieder Gas zu geben.

Der Hund wechselt seine Gangart vom Trab …

Dass Sie, um Ihren Hund in seinem Lauf zu verlangsamen, eine leicht geduckte Haltung eingenommen haben, bedeutet nicht, dass Sie alle weiteren Longierrunden in dieser Haltung ausharren müssen. Sobald Ihr Hund verstanden hat, dass er Schritt gehen soll, können Sie sich langsam wieder aufrichten und selbst im Schritttempo weitergehen. Die geduckte Haltung ist lediglich eine körpersprachliche Hilfe, den Hund zu bremsen.

Distanzaufbau

Wie zuvor im Trab sollten Sie auch in der langsamen Gangart die Distanz zu Ihrem Hund vergrößern. Wenn Sie im Verlauf Ihrer Schlangenlinien beobachten, dass Ihr Hund durch die entstandene Distanz dazu tendiert, wieder in den Trab zu fallen, korrigieren Sie dieses Vorhaben. Gehen Sie wieder näher an die Kreismarkierung heran und wiederholen Sie deutlich langsam, das Kommando SCHERITT. Ihr Hund soll den Tempowechsel schließlich erst vollziehen, wenn Sie ihn dazu auffordern. Halten Sie Ihr eigenes Tempo auch dann gedrosselt, wenn Sie anschließend wieder die Schlangenlinien gehen.

Richtungswechsel – im Schritttempo

Der Ablauf des Richtungswechsels im Schritt erfordert auch aufseiten des Menschen hundertprozentiges Schritttempo, um nicht zu sagen: Zeitlupentempo. Tiefes, bewusstes Atmen hilft Ihnen auch hier wieder, Ihre Bewegungen ruhig und langsam, aber nicht schlaff und strauchelnd auszuführen. Üben Sie dieses neue Kommando zunächst wieder nah an der Kreismarkierung. Für den Hund ist es sehr schwer, die Langsamkeit seiner Bewegungen sowohl während der Wende als auch im Anschluss an den Richtungswechsel zu halten. So wird er sehr wahrscheinlich

... in den Galopp.

dazu tendieren, sein Tempo wieder zu beschleunigen. Beobachten Sie Ihren Hund genau und entlassen Sie Ihren vierbeinigen Partner in keinem Moment aus der gemeinsamen Konzentration. Versuchen Sie auch hier immer wieder, sich selbst mit den Augen des Hundes zu sehen, und gestalten Sie Ihre körpersprachlichen Zeichen so eindeutig wie möglich.

Der Richtungswechsel mit Zwischenstopp im SITZ ist in dieser langsamen Gangart für den Hund sehr schwer umzusetzen. Jeder Neustart bedeutet für den Hund zunächst einmal, mit Schwung in die Bewegung, in die neu angezeigte Laufrichtung und damit auch in die bevorzugte Hauptgangart, den Trab, zu gehen. Die Kombination der Kommandos SCHRITT – SITZ – SCHRITT ist in jedem Fall eine Herausforderung für die „höhere Schule,weil der Hund seinen Impuls, fröhlich „loszudüsen", kontrollieren und hemmen können muss.

Der Tempowechsel vom Schritt in den Trab

Beim „Herunterfahren" des Tempos vom Trab in den Schritt wurde deutlich, wie wichtig Ihr gesamter Körpereinsatz sowie Ihre körpersprachliche Ausdruckskraft und Ausdrucksklarheit ist.

Um Ihren Hund jetzt vom Schritt zum Trab zu beschleunigen, richten Sie sich wieder auf, gehen selbst schneller und zeigen mit Ihrem inneren Arm aufmunternd die Laufrichtung an. Sobald Ihr Hund daraufhin in den Trab fällt, loben Sie ihn stimmlich: „Fein! TERAB Fein!" und bestätigen ihn mit Clicker/Markerwort und Leckerchen.

Ihr Hund wird die Beschleunigung vom Schritt zum Trab wahrscheinlich als Entspannung erleben, da das langsame Gehen durch die höhere Impulskontrolle mehr Konzentration erfordert. So sieht auch die Laufbewegung im Trab viel flüssiger und runder aus als der langsame Gang im Schritt.

Unerwartete Richtungswechsel

Wie alle anderen Kommandos sollte auch ein Tempowechsel nur angezeigt werden, wenn der Hund sich entsprechend auf seinen Hundeführer konzentriert. Sollten Sie das Gefühl haben, dass Ihr Hund sich durch die Beschleunigung in den Trab zur Unaufmerksamkeit verleiten lässt, besteht die Möglichkeit, ihn durch einen überraschenden Wechsel der Laufrichtung zurück in die Konzentration zu lenken. Das bedeutet zwar einerseits, dass Sie ihm in einem unaufmerksamen Moment ein Kommando geben, ist aber andererseits ein probates Mittel zum Zweck. Ein Richtungswechsel hat meist den Effekt, dass der Hund sich wieder seinem Menschen zuwendet.

Die Regulierung der Gangart aus der Distanz

Wenn ein Mensch-Hund-Team diese Tempowechsel sowohl in die beschleunigte als auch in die verlangsamte Gangart ausführen kann, ist es wieder an der Zeit, die Distanz zu vergrößern. Kombinieren Sie Ihre schon eingeübten Schlangenlinien mit Tempowechseln zwischen TERAB und SCHERITT und ermöglichen Sie sich auf diesem Weg das Erlebnis, die Laufgeschwindigkeit Ihres Hundes aus der Entfernung heraus zu regulieren – ganz ohne Zauberei.

Tempowechsel vom Trab in den Galopp

Nicht alle Hunde lassen sich ohne Weiteres dazu bringen, ihr Tempo vom Trab zum Galopp zu beschleunigen. Einigen reicht es schon, dass Ihr Mensch im Inneren des Kreises an Tempo zulegt und eine antreibende Stimmung an den Tag legt. Bestätigen Sie Ihren Hund, sobald er die ersten Galoppsprünge angeboten hat, und verknüpfen Sie auch diese neue Gangart wieder mit dem entsprechenden Kommando „GALOPP – Fein!" Der Bestätigungsablauf Click/Markerwort und anschließendes Leckerchen lässt sich in der hohen Geschwindigkeit natürlich nur schwer realisieren. Da Ihr Hund aber weiß, dass er für den Click auf jeden Fall etwas Gutes bekommt, können Sie sich ruhig Zeit nehmen und zulassen, dass Ihr Hund langsamer wird, um seine Belohnung zu bekommen.

Bestätigung über ein Spielzeug

Hunde, die sich nicht so leicht in den Galopp beschleunigen lassen, spornen wir durch den Einsatz eines Spielzeuges dazu an.
Da das Handling des Spielzeugs sehr kontrolliert ablaufen muss, um das gewünschte Ziel zu erreichen, empfehlen wir Ihnen, es zunächst ohne Hund zu üben. Zu groß wäre die Gefahr, dass Ihr

Ungeeignet: hüpfendes Spielzeug, harte Bälle, Spielzeuge mit Schnüren

Hund durch falsche Signale auf unerwünschte Ideen kommt: sei es, Ihnen die Beute durch Anspringen zu entreißen, im Inneren des Kreises ein gemeinsames Zerrspiel zu veranstalten oder sich mit der Beute auf und davon zu machen. Viele Alternativen sind denkbar, doch wünschenswert ist allein der Effekt, dass der Hund durch den Einsatz des Spielzeugs seine Laufgeschwindigkeit innerhalb der Longiersituation erhöht und in den Galopp fällt, um abschließend genau für diese Leistung über das geworfene Spielzeug belohnt zu werden.

Trockenübung für das Werfen des Spielzeugs

Für diese Trockenübung brauchen Sie diesmal keinen menschlichen Hundepartner. Nur Sie als Hundeführer, der Longierkreis und ein entsprechendes Spielzeug sind vonnöten. Das Spielzeug sollte so klein sein, dass Sie es leicht in einer Tasche oder im Hosenbund verstecken können. Bewährt haben sich weiche, einteilige Spielzeuge (also keine Bälle mit Schnur), die nicht springen, wenn sie auf den Boden aufschlagen. Quietschende Exemplare sind dann zu empfehlen, wenn Sie das Gefühl haben, Ihren Hund zusätzlich motivieren zu können. Umgekehrt gilt, dass für eher übermotivierte Longierpartner Quietschis vermieden werden sollten. Gerne benutzen wir Zerrtaue oder Beißwürste aus Leder, Baumwolle oder Vlies.

Nichts zu sehen – das Spielzeug ist versteckt.

So wird's gemacht – Einzelschritte

1. Ausgangsposition Stellen Sie sich in den Kreis, an die Kreismarkierung, so als würde Ihr Hund vor Ihnen sitzen und auf ein Kommando warten. Angenommen, Sie möchten das Longieren nach rechts beginnen, nehmen Sie das Spielzeug in die rechte Hand und halten es sich nah am Körper, mittig vor Ihre Brust. Diese Haltung signalisiert dem Hund körpersprachlich ganz eindeutig Ihren Besitzanspruch: Das Spielzeug ist zwar vorhanden, steht aber nicht zu seiner Verfügung. So vermeiden Sie, dass Ihr Hund sich gelockt und eingeladen fühlt, nach der Beute zu springen.

2. Spannung aufbauen und loslaufen Bauen Sie jetzt durch Ihre Haltung und tiefes Einatmen Spannung auf. Ihr Kommando RECHTS führen Sie genau so aus, wie Sie es bisher getan haben. Der einzige Unterschied besteht darin, dass in der Hand, die dem Hund die Richtung zeigt, das Spielzeug liegt. Gehen Sie wie gewohnt in Laufrichtung los, lassen Sie das Spielzeug aber gleichzeitig hinter Ihrem Rücken verschwinden und nehmen es hier in Ihre linke Hand. Gehen Sie weiter in die eingeschlagene Laufrichtung und zeigen Sie Ihrem imaginären Hund erneut mit der rechten, inneren Hand die Richtung an. Diesmal ist diese Hand

Das Spielzeug ist spannend – und deutlich im Besitz des Menschen.

Mit dem Spielzeug in der Hand zeigen Sie dem Hund die Richtung.

jedoch leer. In dem Moment, in dem Sie Ihren Hund bestätigen möchten, erfolgt wie gewohnt Ihr akustisches Signal (Click/Markerwort). Bislang haben Sie in dieser Situation immer ein Leckerchen gereicht.

3. Der richtige Wurf Bei der Bestätigung durch ein Spielzeug erfolgt jetzt der Wurf des Spielzeugs: Dieses befindet sich ja bereits in Ihrer linken Hand, hinter Ihrem Rücken. Langsam beschrieben, aber letztlich schnell ausgeführt, passiert nun folgender Bewegungsablauf: Sie holen Ihre linke Hand mit dem Spielzeug hinter dem Rücken hervor und werfen das Spielzeug in Laufrichtung, möglichst kreisnah, auf einen Punkt jenseits der Kreismarkierung, den Ihr Hund durch einen beschleunigten Lauf um den Kreis erreichen wird. Schnell muss dieser Bewegungsablauf deshalb sein, weil ein Zögern Ihrerseits den Hund zum Zugreifen einladen würde. Da das Spielzeug jedoch direkt geworfen wird, rennt der Hund hinterher: möglichst nicht auf dem kürzesten Weg durch den Kreis, sondern vorschriftsmäßig außen herum. Das erleichtern Sie ihm dadurch, dass Sie das Spielzeug maximal eine Viertel Kreisumrundung weit entfernt werfen.

Nachdem es hinter dem Rücken versteckt war, wird es mit der äußeren Hand geworfen.

4. Wurftechnik üben Trainieren Sie diese Wurftechnik mehrere Male in beide Richtungen, bevor Sie anschließend wieder mit Ihrem Hund an den Longierkreis treten.

Mit dem Hund am Kreis spielen

Im Anschluss an diese Belohnung mit dem Spielzeug kann Ihr Hund die Beute entweder wieder abgeben oder Sie spielen mit ihm kurz mit dem Spielzeug am Kreis. Unbedingt sollte die Regel „Hund außen, Mensch innen" auch während des Spielens eingehalten werden. Um das Spiel zu beenden, sollten Sie die Beute in einem günstigen Moment wieder in der Tasche verschwinden lassen.

Mit dem Spielzeug am Kreis spielen …

Vermeiden Sie in dieser rein positiv gestalteten Belohnungssituation jedoch ein Abbruchkommando wie AUS. So können Sie den Spieltrieb des Hundes aufrechterhalten und für das weitere Training nutzen. Ein AUS würde den Spielmodus deutlich beenden und damit auch die Triebigkeit des Hundes abkühlen. Um Ihrem Hund die nächste Longier einheit besonders schmackhaft zu machen, können Sie auch direkt am Anfang mit ihm, wie beschrieben, mit dem Spielzeug spielen. Je nach Mentalität des Hundes ist dies auch eine gute Möglichkeit, einen eher unmotivierten Hund aufzuwecken und anzufeuern. Bringen Sie die wertvolle Beute aber immer erst am Kreis (Hund außen, Mensch innen) zum Vorschein, damit Ihr Hund dieses positive Erlebnis mit der Longiersituation verknüpft. Würden Sie bereits auf dem Weg zum Kreis mit ihm spielen, könnte der Kreis selbst seinen „Wow-das-ist-toll-hier-Effekt“ verlieren.

Tempowechsel vom Trab in den Galopp mithilfe des Spielzeugs

So wird‘s gemacht – Einzelschritte

1. Ausgangsposition Bevor Sie nun eine neue Longiereinheit starten, verstecken Sie an Ihrem Körper das Spielzeug. Beginnen Sie mit Ihrem Hund wie gewohnt. Sie führen ihn an den Kreis, nehmen selbst Ihre Position im Kreis ein und zeigen dem Hund eine Laufrichtung an.

2. Aus der Hauptgangart beschleunigen Ihr Hund läuft jetzt in seiner Hauptgangart, während Sie, nah bei ihm, neben ihm mitgehen. Da die Hauptgangart, wie gesagt, für die meisten Hunde der Trab ist, ist Ihr Ziel, ihn in den Galopp zu beschleunigen. Nehmen Sie das Spielzeug mit der inneren Hand aus dem Versteck und weisen Sie Ihrem Hund mit dem Spielzeug in der Hand erneut die Laufrichtung. Beschleunigen Sie gleichzeitig selbst Ihre Laufgeschwindigkeit und feuern Sie Ihren Hund stimmlich an, es Ihnen gleich zu tun. Statt eines „Los, komm, Galopp!“ bieten sich viele andere Worte an: „Prima, weiter, schneller.“ Ihrem Hund ist die Stimmung in Ihrer Stimme wichtig. Vermeiden Sie Worte, die ihm als Kommando bekannt sind.

... und zerren ist erlaubt.

Aber immer gilt: Mensch innen, Hund außen. Hier muss das Spiel abgebrochen werden.

3. Wenn es nicht klappt! Sollten diese Bemühungen Ihren Hund noch nicht dazu ermuntern, in den Galopp zu fallen, zeigen Sie ihm erneut mit dem Spielzeug die Laufrichtung. Spätestens bei einer Wurfantäuschung sollte Ihr Hund „in die Gänge kommen" und galoppieren.

4. Rechtzeitig bestätigen Sobald er sein Tempo gesteigert hat, besteht natürlich die Gefahr, dass er über das Ziel hinausschießt und unkontrolliert nach vorne wegprescht. Um dies zu vermeiden, bestätigen Sie rechtzeitig die ersten Galoppsprünge. Clicken Sie, loben Sie Ihren Hund stimmlich mit der Verknüpfung „Fein – GA-LOPP – fein!" und werfen Sie als Einlösung Ihres Versprechens mit der äußeren Hand das Spielzeug: in Laufrichtung, kreisnah, nicht zu weit, aber weit genug, um den Hund hinterherlaufen zu lassen.

5. Das Spielzeug werfen Mit Ihrem Wurf beenden Sie diese Übungseinheit. Ihr Hund bringt Ihnen das Spielzeug zurück, Sie lassen es wieder verschwinden oder spielen eine Weile mit ihm.

Auf und davon?

Natürlich besteht die Möglichkeit, dass der Hund sich mit „seiner" Beute auf und davon macht. Zumindest wird er sie aufnehmen und mit ihr spielen.Da dies keine Apportierübung ist, finden wir das gar nicht weiter tragisch. Der Wurf des Spielzeugs ist für den Hund kein neuer Job, sondern die Belohnung für eine bereits erbrachte Leistung. Wenn er

seine Freude an dieser Belohnung feiert, sollten wir das für einen kurzen Moment durchaus tolerieren. Da die Übungsaufgabe zunächst einmal beendet ist, können Sie zu Ihrem Hund gehen, ihn zurück an den Kreis führen und jetzt wieder gemeinsames Arbeiten erwarten.

Den Moment der Bestätigung hinauszögern

Wenn Ihr Hund in der nächsten Trainingsrunde durch Ihre Motivation ins Galoppieren fällt, zögern Sie den Moment der Bestätigung ein bisschen mehr hinaus und bestätigen ihn erst dann über Click/Markerwort stimmlich: „Fein! – GA-LOPP – Fein!" und passen den richtigen Moment für den Spielzeugwurf so ab, dass Ihr Hund sich weder zu sehr verausgabt noch dazu verleitet wird, Ihnen davonzugaloppieren.
Sie werden merken, dass Ihr Hund so viel Spaß am Galopp hat, dass Sie ihn gar nicht oft zusätzlich bestätigen müssen. Die Freude an der Bewegung ist bereits absolut selbstbestätigend!

Wichtig! Vom Hundeführer erfordert das Beenden des Galopps ein gutes Timing. Obwohl dem Hund diese Bewegungsart natürlich gefällt, kann es passieren, dass er von sich aus wieder zurück in den Trab fällt. Eine Bestätigung könnte dann nicht mehr stattfinden. Geben Sie Ihrem Hund deshalb durch rechtzeitiges Bestätigen die Möglichkeit, am Erfolg zu lernen, bevor er Fehler machen kann. Schließlich soll der Hund ein gegebenes Kommando so lange ausführen, bis ein neues kommt.

Lust an der Bewegung als gemeinsames Erlebnis

Das Besondere an diesem Tempowechsel zum Galopp ist nicht allein die Tatsache, dass es möglich ist, den Hund auf Kommando hin in den Galopp zu beschleunigen. Natürlich sprüht die reine Lebensfreude an dieser Bewegung aus jeder Fellspitze unseres Vierbeiners. Die Erfüllung seines natürlichen Laufbedürfnisses erleben und beobachten wir in vielen alltäglichen Situationen. Wir stellen dann aber eher selten seinen Fokus dar. Das wirklich Beeindruckende am Galopp in der Longiersituation finden Sie jedoch im Ausdruck Ihres Hundes: Er rennt, er ist glücklich, er verausgabt sich im besten, sportlichen Sinne des Wortes, und er behält gleichzeitig Sie, seinen Menschen, im Blick. Es sieht so aus, als habe er nur darauf gewartet, loszugaloppieren und diesen Moment purer Lebensfreude mit Ihnen zu teilen, weil die enge, wechselseitige Beziehung trotz des Tempos gehalten wird.

Distanzvergrößerung und Richtungswechsel

Wie zuvor in den beiden Gangarten Trab und Schritt können Sie auch beim Galopp die Distanz zu Ihrem Hund vergrößern.

Der Richtungswechsel im Galopp beansprucht die Muskulatur Ihres Hundes sehr. Dies trifft sowohl für die extreme Stoppbewegung aus dem Galopp ins STEH oder SITZ als auch für die Wende ohne Zwischenstopp zu.

Fordern Sie diese Kommandos deshalb nicht zu oft und immer nur unter Rücksichtnahme auf die körperlichen Möglichkeiten Ihres Hundes ein.

Tipp

Nie zu viel des Guten!
Da der Hund beim Galoppieren körperlich stark ausgelastet wird, sollten Sie das Galopp-Training grundsätzlich seiner Kondition und Konstitution anpassen. Variieren Sie den Galopp mit ruhigeren Trainingsabschnitten, damit Ihr Hund mit seinen Kräften haushalten kann.

Der Tempowechsel vom Galopp in den Trab

Der Tempowechsel aus dem Galopp in den Schritt würde vom Hund ein zu stark muskelstrapazierendes Bremsmanöver erfordern. Deshalb stellen wir als vierten und letzten Tempowechsel die Verlangsamung aus dem Galopp in den Trab vor. Auch hier reagiert der Hund wieder besonders auf Ihre körpersprachlichen Signale.

So wird's gemacht – Einzelschritte

1. Drehen Sie sich zu Ihrem Hund hin und blicken Sie ihn an. Drosseln Sie gleichzeitig auch in Ihren Bewegungen das Tempo und nehmen Sie aus Ihrer Stimme Höhe und Lautstärke heraus.
2. Beruhigen Sie Ihren Hund stimmlich, bis er in den Trab zurückfällt.
3. Bestätigen Sie ihn auch jetzt wieder mit dem stimmlichen Lob „Fein - TE-RAB – Fein!“ und Click/Markerwort. Die Belohnung kann im Trab wieder wie gewohnt über das Leckerchen stattfinden.

Wichtig! Mit dem Tempowechsel vom Galopp in den Trab haben Sie gleichzeitig ein gutes Kommando, mit dem Sie verhindern können, dass der Hund von sich aus sein Tempo verlangsamt. Trotz aller Freude an der Bewegung erfordert das Galoppieren am Longierkreis vom Hund eine enorme Konzentration. Um zu verhindern, dass er sich aus eigenem Antrieb im Trab entspannt, sollten Sie den Tempowechsel in den Trab früh genug anzeigen.

Was für ein Erfolg!

Wahrscheinlich ist es noch gar nicht so lange her, dass Sie Ihren Hund zum ersten Mal an den Kreis geführt haben, um ihn mit einem neuen Spiel und ganz neuen Spielregeln vertraut zu machen. Mittlerweile stehen Ihnen eine ganze Reihe an Kommandos, an unterschiedlichen Bewegungselementen und vielfältigen Kombinationsmöglichkeiten zur Verfügung, die Sie sich gemeinsam mit Ihrem Vierbeiner erarbeitet haben.
Und ganz nebenbei hat sich zwischen Ihnen und Ihrem Hund eine besondere Beziehungsqualität eingestellt: Als Reaktion auf Ihre bewussten, eindeutigen Signale hat Ihr Hund Sie in den Fokus seiner Aufmerksamkeit genommen.
Mit dem gelernten Repertoire können Sie immer wieder neue, abwechslungsreiche Runden gestalten. Stimmen Sie Ihre Choreografie aber bitte immer aufmerksam auf das Temperament, auf die Konstitution und auf die Tagesform Ihres Hundes ab. Bringen Sie abwechselnd Ruhe, Überraschungen und ausgelassenes Tempo ins Spiel.

Spielvarianten

Gemeinsamer Start aus der Kreismitte

Die Alternative, eine Longiereinheit gemeinsam mit dem Hund aus der Kreismitte zu starten, klingt verlockend einfach. Da die Umsetzung nicht für alle Teams gleichermaßen einfach ist, stellen wir Ihnen verschiedene Lösungen vor, wie sich diese interessante Spielvariante leicht umsetzen lässt.

Keine Regel ohne Ausnahme!

Nun haben wir immer wieder betont, dass die grundlegende Spielregel beim Longieren darin besteht, dass sich der Hund ausschließlich außerhalb der Kreismarkierung bewegt. Als Spielleiter liegt es jedoch in unserer Befugnis, diese Regel auch einmal zu umgehen.
Um den Hund jetzt nicht mit beliebig sich ändernden Rahmenbedingungen zu verwirren, heben wir diese Regel jedoch nur zu Beginn einer Longiereinheit auf. Während Sie Ihren Hund bislang immer an der Kreismarkierung abgesetzt haben, und von hier aus allein in den Kreis gegangen sind, um das Longieren zu beginnen, nehmen Sie Ihren Hund für diese Startvariante mit in den Kreis hinein. Da diese Variante für Ihren Hund etwas völlig Unerwartetes ist, ziehen Sie sein Interesse damit sehr stark auf sich.

So wird's gemacht – Einzelschritte

1. Am Kreis absetzen Setzen Sie Ihren vierbeinigen Partner hierzu zuerst wie gewohnt an der Kreismarkierung ab.

Tabuzone? In dieser Spielvariante nicht.

2. Zusammen in den Kreis gehen Ermuntern Sie ihn jetzt dazu, mit Ihnen zusammen in den Kreis zu gehen, indem Sie sowohl verbal als auch körpersprachlich ein einladendes KOMM REIN demonstrieren. Vielen Hunden fällt es leichter, dieser Aufforderung nachzukommen, wenn ihre Menschen sie bei dieser Einladung an der Schulter berühren. Auf diese Weise betreten Sie gemeinsam mit Ihrem Hund das Kreisinnere und zeigen ihm deutlich, dass nicht er diese Entscheidung trifft, sondern dass Sie ihn dazu auffordern. Verzichten Sie darauf, Ihren Hund mit Leckerchen zu locken oder gar an der Schleppleine in den Kreis zu ziehen.

Nicht selten reagieren erfahrene Longierhunde auf diese neue Spielvariante mit Verblüffung und blicken ihren Menschen irritiert an. Gehen Sie mit Ihrem Hund bis zur Mitte des Kreises und lassen sie ihn hier neben sich sitzen.

3. RAUS-Schicken Da Longieren nicht Longieren wäre, wenn Ihr Hund nicht außen am Kreis um Sie herumlaufen würde, müssen Sie ihn jetzt natürlich auf seine Position außerhalb der Kreismarkierung schicken. Nun haben alle Hunde, die das Longieren bis hierher kennen gelernt haben, schon Erfahrungen mit dem Kommando RAUS gemacht – einige mehr, andere weniger.

Obwohl es sich beim gemeinsamen Start aus der Kreismitte natürlich nicht um einen Verweis aus dem Kreis, sondern um eine Spielvariante handelt, können Sie versuchen, das bekannte Kommando RAUS auch in dieser Situation anzuwenden. Tatsächlich werden es einige Hunde entsprechend umsetzen, den Kreis verlassen und auf ihre Position jenseits der Markierung gehen.

Probleme beim RAUS-Schicken

Ein Problem tut sich hier für viele Longierteams jedoch deshalb auf, weil das RAUS in dieser Situation ein Kommando ist, das über die Distanz bis zur Kreismarkierung hin ausgeführt werden muss. Bislang sind Sie immer mit zum Flatterband gegangen, um Ihren Hund nach draußen zu verweisen. Jetzt sollen Sie jedoch in der Mitte des Kreises stehen bleiben und Ihr Hund soll allein auf seine Position außerhalb des Kreises gehen. Im Training lässt sich hier oft das folgende Problem beobachten: Dem Hund wird in der Kreismitte das Kommando RAUS gezeigt, indem der Hundeführer den Arm ausstreckt und das Wort „Raus" spricht. Der Hund folgt nun der Hand seines Menschen und bleibt auf der Höhe der Hand stehen, die Nase neugierig nach oben gereckt – vielleicht versteckt sich hier ja ein gutes Stück Wurst?!

Der Hund wartet gespannt auf das Kommando.

Lösungsmöglichkeiten

Eine mögliche Lösung für dieses Problem besteht darin, mit dem Hund zunächst nah an der Kreismarkierung zu bleiben und hier das Kommando RAUS zu üben. Sollte Ihr Hund das Kommando ausführen, loben Sie ihn, sobald er jenseits der Kreismarkierung angekommen ist. Vergrößern Sie in den nächsten Übungsschritten immer mehr die Entfernung zum Flatterband. Manchmal hilft es auch, die Hand nicht nur auszustrecken, sondern sie wirklich schwung-

Der Hund macht sich auf den Weg …

… zum Zielobjekt.

voll, wie bei einer Wurfantäuschung von unten nach oben zu führen, um den Hund dazu aufzumuntern, über das Band nach draußen zu springen. Ein Sprung über das Band ist jetzt nicht nur erlaubt, sondern erwünscht! Lassen Sie sich jedoch nicht dazu verführen, Ihrem Hund ein Leckerchen auf die andere Seite der Markierung zu schmeißen. Nach wie vor soll er nämlich nicht die Erfahrung machen, dass er am Longierkreis Futter vom Boden aufsammeln darf. Da sich das Kommando RAUS auf diese Art aber nicht für alle Longierteams erfolgreich umsetzen lässt, möchten wir Ihnen eine weitere Alternative vorstellen. Bei dieser Variante lernt Ihr Hund zunächst, auf ein Kommando hin bis zu einem bestimmten Zielpunkt zu laufen.

Das Hinlaufen zu einem Zielobjekt einüben

Im Clickertraining wird der Begriff „shaping“ verwendet. Das bedeutet die schrittweise Annäherung an ein gewünschtes Verhalten. Diese Trainingsmethode können wir uns auch zunutze machen, wenn wir erreichen wollen, dass unser Hund ohne unsere Begleitung vom Kreismittelpunkt aus zur Markierung läuft, diese überquert und dort auf das nächste Longierkommando wartet. Beim Shapen wird dem Hund nicht gezeigt oder vorgemacht, wie er sich verhalten soll. Vielmehr bietet der Hund ein bestimmtes Verhalten an, das, wenn es einen Teilschritt des gewünschten Verhaltens darstellt, durch Click/Futter bestätigt wird. Ganz allmählich baut sich dadurch, dass der Hund immer wieder ausprobiert, welches Verhalten belohnt wird, letztendlich das gewünschte Verhalten auf.

Einzelschritte

Wichtig! Trainieren Sie das Hinlaufen zu einem Zielobjekt als eine vorbereitende Übung bitte nicht am Longierkreis. Ein Zielobjekt kann ein beliebiger Gegenstand sein, den der Hund noch nicht aus dem Alltag kennt: ein Topfdeckel, ein Markierhütchen, ein Becher – alles, was für den Hund bislang nicht mit einer bestimmten Bedeutung verknüpft ist, bietet sich an.

1. Zielobjekt auf den Boden legen
Legen Sie das Zielobjekt neben sich auf den Boden und warten Sie geduldig darauf, dass der Hund sich für dieses Objekt interessiert. Das kann ein Blick, ein Schnuppern, ein Stupsen sein.

2. Interesse bestätigen Bestätigen Sie dieses Interesse Ihres Hundes an dem Objekt durch Click/Futter und wiederholen Sie die Übung, bis Ihr Hund verstanden hat, dass er das Objekt berühren soll.

3. Vom Gegenstand weggehen Entfernen Sie sich jetzt mit Ihrem Hund etwas von dem Gegenstand und warten Sie darauf, dass er sich zum Gegenstand hinbewegt und diesen berührt. Wenn Sie selbst diesen Gegenstand deutlich anschauen, helfen Sie Ihrem Hund, seinerseits Interesse an diesem Ding zu zeigen.

4. Abstand vergrößern Erst wenn Ihr Hund aus der aktuellen Entfernung sicher bis zum Zielobjekt geht, vergrößern Sie den Abstand zum Objekt.

5. Positionen variieren Üben Sie dieses neue Verhalten aus verschiedenen Positionen und variieren Sie dabei die Entfernungen. Lassen Sie die Anforderung an Ihren Hund jedoch nicht stetig steigen. Indem Sie es Ihrem Hund zwischendurch immer mal wieder leichter machen, das Richtige zu tun, stabilisieren Sie das neu gelernte Verhalten und motivieren ihn.

6. Kommando einführen Als letzten Schritt beim Shapen führen Sie ein Kommando, also sowohl ein Sicht- als auch ein Hörzeichen ein, das der Hund mit diesem Verhalten verknüpfen soll. Anfangs sagen Sie Ihr gewähltes Kommandowort immer direkt in dem Moment, in dem Ihr Hund sich anschickt, zu dem Zielobjekt zu gehen. Letztlich wird er aber nur noch dann bestätigt und belohnt, wenn er dieses Verhalten auf Ihr Kommando hin zeigt, nicht aber, wenn er es von sich aus anbietet.

Für die Situation am Longierkreis bietet es sich an, dieses Verhalten mit dem Wort „Voraus“ oder nur „Raus“ zu verknüpfen. Da es Ihrem Hund egal ist, welche Lautkombinationen Sie benutzen, machen Sie es sich selbst dadurch am einfachsten, dass Sie das Kommando als das benennen, was es ist: ein „Raus“. Finden Sie für sich eine einfache Geste, die Ihr Hörzeichen begleitet, beispielsweise die ausgestreckte Hand, die in die entsprechende Richtung weist.

7. Wieder an den Kreis zurück Sobald Ihr Hund dieses Kommando sicher ausführt und aus verschiedenen Positionen und über verschiedene Entfernungen hinweg zu dem Zielobjekt geht, können Sie wieder zurück an den Longierkreis gehen und das neue Kommando hier üben.

Die Hundeführerin schickt den Hund aus der Kreismitte bis zum Zielobjekt, das außerhalb des Kreises liegt.

Hier führt der Mops das Kommando richtig aus ...

Von der Kreismitte bis zum Zielobjekt

Legen Sie Ihren Gegenstand 1 bis 2 Meter von der Kreismarkierung entfernt ab. Gehen Sie jetzt mit Ihrem Hund wie oben beschrieben in das Kreisinnere und lassen Sie ihn zunächst noch in der Nähe der Kreismarkierung neben sich sitzen. Schicken Sie Ihren Hund mit dem eingeübten Kommando zu dem Zielobjekt und clicken Sie, sobald er dort angekommen ist.

Auch in dieser neuen Situation sollten Sie das neue Verhalten so lange üben, bis Ihr Hund es stabil ausführt. Legen Sie Ihr Objekt alternativ an verschiedene

... doch nach dem Sprung über das Band müssten das Lob und das neue Kommando früher kommen!

Positionen, allerdings immer im Abstand von 1 bis 2 Metern zur Kreismarkierung.

Von der Kreismitte bis zur Longierposition

Da der Hund letztlich aber gar nicht mehr bis zu seinem Zielobjekt laufen soll, sondern lediglich die Kreismarkierung überqueren soll, clicken Sie im nächsten Schritt schon, sobald er auf der anderen Seite des Bandes angekommen ist. Ihr Hund wird seinen Job entsprechend unterbrechen und auf seine Belohnung warten.

Wichtig! Platzieren Sie Ihr Zielobjekt jedoch nie direkt an oder kurz hinter die Kreismarkierung, um zu erreichen, dass der Hund nur bis zu diesem Punkt läuft. Da Ihr Vierbeiner schließlich seine Longierrunden laufen soll, könnte das Objekt ihn im Laufen behindern oder zumindest eine unnötige Ablenkung darstellen.

Als letzten Schritt dieser Übung loben Sie Ihren Hund verbal, sobald er das Band übersprungen hat, mit einem „Prima!" oder „Gut gemacht!" und geben ihm anschließend sofort das Kommando LINKS oder das Kommando RECHTS. So läuft er nicht mehr bis zum Zielobjekt.

Tipp

Wenn Ihr Hund das Kommando RAUS AUS DER KREISMITTE sicher umsetzen kann, können Sie es als besondere Variante an den Anfang einer kompletten Longiereinheit stellen.

Tricks und Varianten, die Spaß machen

Wenn Sie das Longieren noch abwechslungsreicher gestalten möchten, können Sie Tricks und die folgenden Varianten einüben. Der Fantasie sind hierbei fast keine Grenzen gesetzt. Erlaubt ist, was Ihnen und Ihrem Hund gefällt. Probieren Sie es aus!

Tricks

Beachten Sie auch hier wieder die Devise, dass nur bereits bekannte Kommandos in das Longierrepertoire am Kreis aufgenommen werden sollten.
Was immer Ihr Hund an Tricks schon gelernt hat, können Sie ihn auch am Kreis zeigen lassen. Einige Beispiele sind: Drehungen in beide Richtungen (wir nennen sie TWIST und FOX), mit der Pfote winken, sich verbeugen, eine Rolle oder Männchen machen, Laut geben oder sich tot stellen.
Üben Sie jeden Trick, den Sie in das Longierrepertoire übernehmen wollen, anfangs immer nah an der Kreismarkierung. Wählen Sie zusätzlich zu Ihrem akustischen Kommando auch hier wieder ein deutliches Sichtzeichen, das der Hund nicht mit anderen Kommandos verwechseln kann und das er auch auf Entfernung verstehen kann.

Longieren mit Agilityelementen bringt …

Vergrößern Sie dann in kleinen Schritten die Distanz zum Hund und rufen Sie den Trick schließlich auch aus der kompletten Entfernung ab.

Hürden, Tunnel, Slalomstangen

Besonders Hunde, die beispielsweise im Agility sportlich geführt werden, können am Longierkreis auch auf die Distanz hin zu den jeweiligen Elemente wie Hürden, Tunnel oder Slalomstangen geschickt werden. Im Agility lässt sich oft beobachten, dass Hunde sich nur schwer von ihren Hundeführern lösen, um auch auf Distanz zu arbeiten. Gerade solche Hunde können die Distanzarbeit am Longierkreis kennen lernen und Vertrauen zu dieser Situation fassen.

Selbstverständlich bedeutet ein am Kreis aufgebautes „Spielgerät" aber für alle Longierteams Spannung und Abwechslung. Es stellt eine neue Aufgabe sowie eine Bewegungsvariante dar.

... noch mehr Abwechslung ins Spiel.

Wichtige Regeln

Machen Sie Ihren Hund zunächst außerhalb der Longiersituation mit den Geräten und den notwendigen Bewegungsabläufen vertraut, wählen Sie selbst klare Sicht- und Hörzeichen für das umzusetzende Kommando und beginnen Sie immer aus einer möglichst geringen Distanz. Wie viele Hindernisse Sie Ihrem Hund schließlich an den Longierkreis bauen, richtet sich ganz nach dem, was Ihnen und Ihrem Longierpartner möglich ist und Spaß macht.

Agility-Geräte sind besonders für das Longieren an zwei Kreisen zu empfehlen. Hierbei bietet ein gerätefreier Kreis immer die Möglichkeit, den Hund zur Abwechslung und Erholung eine Longierrunde ohne Hindernisse absolvieren zu lassen.

Trotz ablenkender Reize interessiert sich der Hund nur für seine Hundeführerin.

Gezielt Ablenkungen einführen

Sie haben erreicht, dass Ihr Hund unterschiedliche Bewegungsabläufe auf Ihr Kommando hin aus der Distanz heraus umsetzt und den Fokus seiner Aufmerksamkeit dabei auf Sie richtet. Je nach Ausgangssituation der Mensch-Hund-Beziehung, der Mentalität des Hundes und den bisherigen gemeinsamen Ausbildungserfahrungen war dieser Weg mehr oder weniger leicht.
So ist jetzt auch die Herausforderung, bewusst Ablenkungen zu schaffen, mehr oder weniger anspruchsvoll. Einige Hunde werden sich kaum von äußeren Geschehnissen beeindrucken lassen, während andere jeder Verlockung nur allzu gerne folgen werden. Auch diese können jedoch lernen, zu widerstehen.

Beispiele

Mögliche Ablenkungen sind beispielsweise Spielzeuge, die entweder in der Nähe des Kreises liegen oder von einer außenstehenden Person geworfen werden können. Auch Futterbrocken können ausgelegt werden. Legen Sie jedoch weder Gegenstände noch Essbares in die direkte Laufbahn des Hundes. Schließlich soll es dem Hund möglich sein, nach allen Regeln der Kunst weiterzulongieren, solange er seine Aufmerksamkeit auf seinen Menschen richtet.

Des Weiteren können sowohl andere Personen als auch andere Hunde in der Nähe des Kreises vorbeigehen, Ball spielen oder sogar verlockend „Guck mal!“ oder „Lecker, lecker!“ rufen. Den Namen des Hundes zu rufen, wäre als Ablenkungsmanöver jedoch ungünstig und unfair, weil ein Hund dazu erzogen ist, auf seinen Namen hin zu hören und zu folgen.

Fairness statt Schrecken!

Vermeiden Sie jedoch grundsätzlich, Ihren Hund absichtlich zu erschrecken. Das Longieren soll nachhaltig eine positiv besetzte Beschäftigung für Mensch und Hund sein. Sie soll beiden Spaß machen und die Bindung und das Vertrauen in beide Richtungen stärken. Deshalb sollte der Longiersport nie dazu missbraucht werden, einen Hund gegenüber Schüssen oder anderen Schreck einjagenden Geschehnissen zu desensibilisieren. Bleiben Sie Ihrem Longierpartner gegenüber fair.

Einzelschritte

1. An der Leine üben Da zur Fairness auch gehört, dass wir den Hund nicht „ins offene Messer laufen lassen“, leinen wir alle Hunde, auch solche, die schon sicher ohne Leine longieren, für diese Ablenkungen wieder an. So können wir

vermeiden, dass der Hund sich tatsächlich so weit ablenken lässt, dass er uns am Longierkreis allein stehen lässt.

2. Einfach anfangen Starten Sie zunächst mit leichten Ablenkungen und bleiben Sie nah am Band, bei Ihrem Hund. Loben Sie Ihren Hund engmaschig und ausgiebig für die Aufmerksamkeit, die er Ihnen trotz der verlockenden Ablenkungen schenkt. Um so leichter fällt es Ihrem Vierbeiner, mögliche Ablenkungen links liegen zu lassen.

Setzen Sie Ihren Hund am besten dann einer Ablenkung aus, wenn Sie sicher sind, dass er sie ignorieren kann. Auch Ihr eigenes Engagement hilft dem Hund, Sie spannender als alles andere zu finden. Natürlich wird er sich viel eher einem vorbeifliegenden Spielzeug widmen, wenn die Aufforderung zur gemeinsamen Arbeit seitens des Hundeführers momentan eher gering ist. Geschieht die Ablenkung jedoch in einem Moment intensiver Interaktion, fällt es dem Hund leichter, die Ablenkung zu ignorieren.

Auch der vorbeilaufende Hund ist nicht so interessant wie der eigene Mensch.

Die richtige Bestätigung sorgt dafür, dass der Hund die Verlockungen links liegen lässt.

3. Unterbrechungswort einsetzen Sollte Ihr Hund seinen Blick oder auch seine gesamte Aufmerksamkeit von Ihnen abwenden und sich anderen Verlockungen zuwenden, nutzen Sie das Unterbrechungswort, das Sie auch schon benutzt haben, als Sie Ihren Hund zum ersten Mal ohne Leine am Longierkreis geführt haben. Ein solches markantes „Eheh!" kann den Hund rechtzeitig wieder in die Aufmerksamkeit ziehen.

4. Nicht schimpfen Sollte er sich trotzdem komplett ablenken lassen und die Longiersituation vergessen, schimpfen Sie nicht mit ihm. Zu groß wäre die Gefahr, dass Ihr Hund die Lust am Weiterarbeiten verliert. Sammeln Sie Ihren Longierpartner wieder ein und beginnen Sie eine neue Longiereinheit.

5. Vorausschauend üben Versuchen Sie aufmerksam zu vermeiden, dass Ihr Hund überhaupt Fehler macht. Wenn Sie ihn loben und bestätigen, bevor er wegguckt, wird er aller Wahrscheinlichkeit nach gar nicht mehr weggucken wollen. Machen Sie sich für Ihren Hund dadurch interessant, dass Sie ihn durch Ihre Stimme und Körpersprache dazu motivieren, bei Ihnen zu bleiben.

6. Ablenkungen steigern Je sicherer die Konzentration Ihres Hundes bei Ihnen bleibt, um so größer können die Herausforderungen werden, die Sie für ihn bereithalten. Da Sie ihn für die Bewältigung aller Aufgaben stets angemessen belohnen, wird auch für Ihren Hund das Ignorieren einer möglichen Ablenkung kein schmerzlicher Verzicht sein.

Das Longieren an mehreren Kreisen

Wenn Sie einem Longierteam dabei zusehen, wie es an mehreren Kreisen longiert, dann bekommt der oft auftretende Versprecher „Jonglieren" eine ganz interessante, gar nicht mal falsche Bedeutung. Die Möglichkeiten, die sich Ihnen bei der Kombination und Anordnung von mehreren, wahlweise unterschiedlich großen Kreisen bieten, sind so vielfältig, dass wir Ihnen hier nur die Grundideen vorstellen möchten. Lassen Sie sich dazu inspirieren, eigene Arrangements auszuprobieren und unterschiedliche Abläufe zu choreografieren.

Das Longieren an zwei Kreisen

Der Wechsel von einem Longierkreis zum anderen ist ein Basiselement, das Sie in verschiedene „Jonglier-Varianten" ausbauen können.

Bauen Sie sich zunächst zwei Longierkreise im Abstand von 2 bis 3 Metern zueinander auf. Beide Kreise sollten wieder der Größe des Hundes angepasst werden und im Durchmesser nicht kleiner als 10 Meter sein.

Während der Mensch bei diesem Kreiswechsel von einem Kreismittelpunkt zum anderen Kreismittelpunkt läuft, wechselt der Hund den Longierkreis wahlweise über den Acht-Schnittpunkt zwischen den beiden Kreisen oder aber er läuft über die Außenlinie bis zum Nachbarkreis. Um nun zu verhindern, dass Ihr Hund Ihnen auf eigenen Wegen folgt, wenn er registriert, dass Sie den ersten Kreis verlassen, können Sie ihn zunächst damit vertraut machen, eine Longierrunde zu laufen, ohne dass Sie in der Mitte seines Kreises stehen bleiben. Der besseren Verständlichkeit halber sprechen wir in den folgenden Beschreibungen von Kreis A und Kreis B sowie von Mittelpunkt A und Mittelpunkt B und verweisen auf die nebenstehenden Grafiken.

Annäherung an den Kreisrand A

1. Gehen wir von der Ausgangssituation aus, dass Sie am Mittelpunkt A stehen und Ihr Hund das Kommando RECHTS ausführt. Denken Sie sich nun als Orientierungshilfe eine direkte Verbindungslinie zum Mittelpunkt B.

Mithilfe eines geworfenen Spielzeugs lernt der Hund, Kreis A zu umrunden, obwohl der Mensch mehr und mehr zum Kreis B geht. Wenn der Hund die ganze Runde allein vollendet, kann der Mensch den Kreis währenddessen wechseln, ohne dass der Hund ihm auf verbotenen Pfaden folgt.

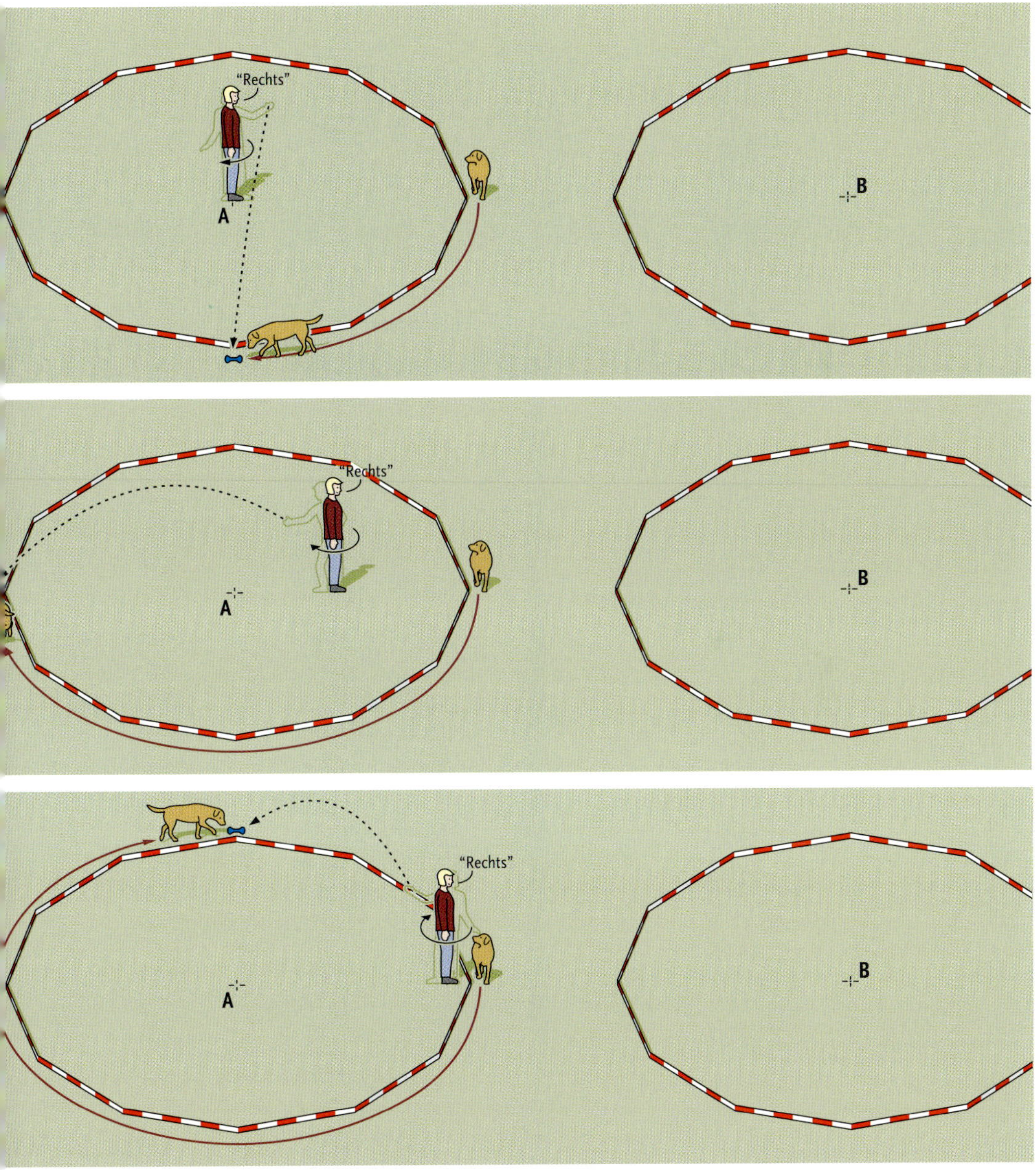
"Rechts"
A
B
"Rechts"
A
B
"Rechts"
A
B

2. Sobald Ihr Hund diese imaginäre Linie überlaufen hat, geben Sie ihm erneut das Kommando RECHTS und bewegen sich selbst langsam auf der Verbindungslinie zwei, drei Schritte zum Kreisrand A hin.
Indem Sie Ihrem Hund jetzt ein Spielzeug in seine Laufrichtung werfen, ermuntern Sie ihn dazu, seine Laufrichtung beizubehalten. Versuchen Sie, das Spielzeug kreisnah und ungefähr um eine Viertel Runde Ihrem Hund vorauszuwerfen.

3. Sowohl durch das Anzeigen der Laufrichtung als auch durch die Wurfbewegung haben Sie sich selbst nach rechts gewendet. Drehen Sie sich jetzt nicht wieder zurück nach links, um auf den Kreisrand zuzugehen. Eine solche Rück-

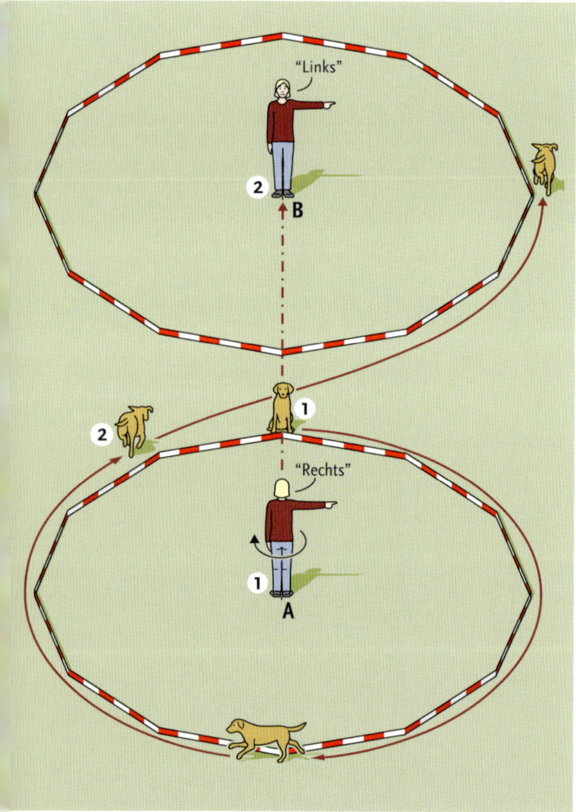

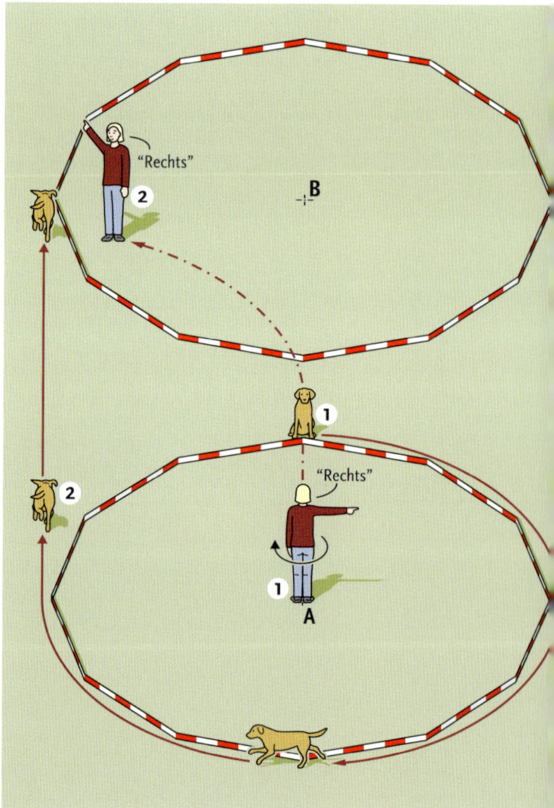

wende könnte der Hund als ein KOMM ZURÜCK missverstehen. Drehen Sie sich stattdessen weiter nach rechts, einmal um Ihre eigene Achse, bevor Sie auf den Nachbarkreis zugehen.

4. Da der Spielzeugwurf Ihren Hund zwar einerseits im Weiterlaufen bestätigt, die Übung aber andererseits beendet, starten Sie neu, sobald Sie das Spielzeug wieder in Ihren Besitz gebracht haben. Nähern Sie sich auf diese Weise in kleinen Schritten immer mehr dem Kreisrand A an und werfen Sie Ihrem Hund das bestätigende Spielzeug jedes Mal zu einem etwas späteren Zeitpunkt.

Der Mensch wechselt den Kreis

Sobald Sie die Kreismarkierung erreichen können, während Ihr Hund seine Longierrunde vollendet, können Sie den Kreiswechsel in Angriff nehmen:

Nach dem Kreiswechsel haben Sie zwei Möglichkeiten, Ihren Hund weiter zu longieren: Wie er seine Runden um Kreis B fortsetzt, ist sowohl von Ihrer Position in diesem Kreis als auch von Ihren Sichtzeichen abhängig. Ein LINKS aus dem Kreismittelpunkt lässt den Hund eine Acht laufen, ein Rechts vom Kreisrand lässt den Hund ein Oval laufen. Vergessen Sie bei beiden Kommandos nicht, sich Ihrem Hund anschließend immer mit der äußeren Schulter zuzuwenden.

1. Starten Sie wieder von der gerade geschilderten Ausgangssituation am Mittelpunkt A, Ihr Hund führt das Kommando RECHTS aus.

2. Geben Sie ihm, sobald er die Verbindungslinie zum Mittelpunkt B überläuft, erneut das Kommando RECHTS, drehen Sie sich selbst in dieser Richtung einmal um Ihre eigene Achse und nähern Sie sich dann dem Kreisrand an.

3. In dem Moment, in dem Ihr Hund am weitesten vom Mittelpunkt B entfernt ist, laufen Sie über beide Markierungen zum Mittelpunkt B. Ihr Hund wird seine Longierrunde vollenden und Sie in Kreis B sehen.

Der Hund folgt dem Kreiswechsel

Jetzt haben Sie zwei Möglichkeiten: Geben Sie Ihrem Hund jetzt das Kommando LINKS, so wird er die Verbindungslinie von A nach B erneut überlaufen und wie in einer Acht den Kreis wechseln. Wenn Sie aber möchten, dass Ihr Hund auf der Außenlinie der beiden Kreise eine halbe Ellipse läuft, gehen Sie beim Kreiswechsel nicht genau zum Mittelpunkt B, sondern nehmen Sie eine Position in der Nähe der Kreismarkierung ein. Von hier aus können Sie Ihrem Hund das Kommando RECHTS geben.

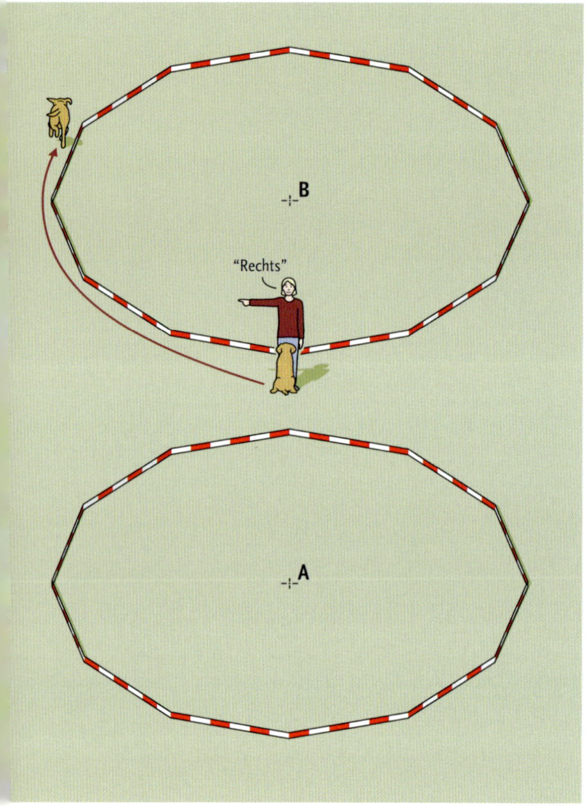

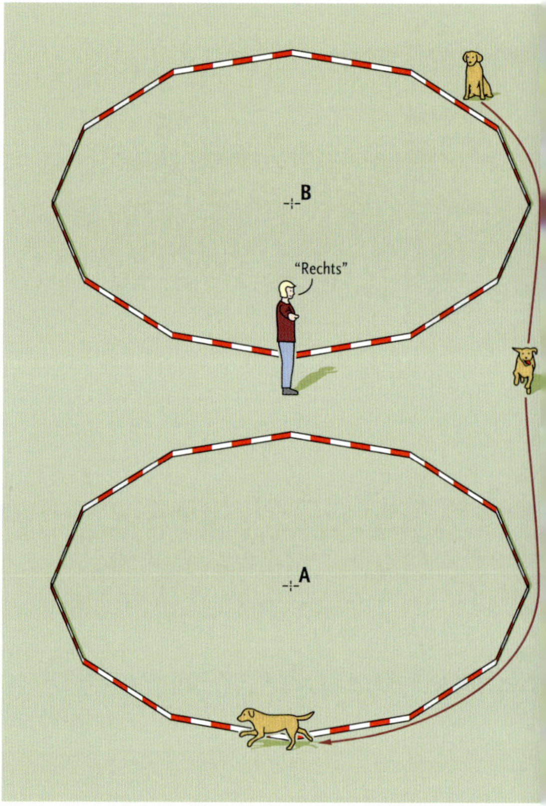

Noch mehr Abwechslung an den Kreisen

Eine Möglichkeit, das Longieren an beiden Kreisen noch abwechslungsreicher zu gestalten, besteht darin, beide Kreise mit unterschiedlichen Anforderungen auszustatten. Sie können an einen der Kreise Hürden, Tunnel oder Slalomstangen platzieren. So lassen Sie Ihren Hund wahlweise reine Laufrunden oder alternativ Agility-Runden laufen.

Das Longieren zwischen den Kreisen

Während Sie bislang immer im Inneren des Kreises gestanden haben und Ihren Hund jenseits der Kreismarkierung geführt haben, bietet sich an zwei Longierkreisen die Variante an, dass Sie als „Jongleur" zwischen den beiden Kreisen stehen. Ihren Hund schicken Sie von diesem Standpunkt aus mal um den einen und mal um den anderen Kreis.

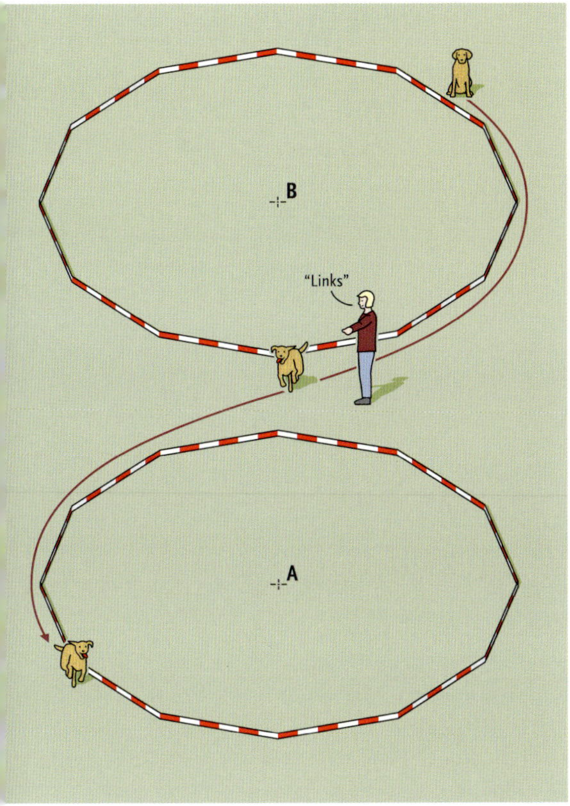

So sieht eine für den Menschen ganz bequeme Variante des Longierens an zwei Kreisen aus: Der Mensch bleibt zwischen den Kreisen stehen, während sein Hund die Kreise allein umrundet.

Auch für diese Longiervariante muss Ihr Hund eine komplette Longierrunde alleine laufen können.

Einzelschritte

1. Gehen Sie gemeinsam mit Ihrem Hund auf Ihre Position zwischen den beiden Kreisen.
2. Lassen Sie Ihren Hund wie immer zu Beginn einer Longiereinheit zunächst neben sich sitzen.
3. Wenden Sie sich dem Kreismittelpunkt zu, den Ihr Hund umrunden soll, und schicken Sie ihn dann um diesen Kreis. Geben Sie ihm hierfür das Kommando LINKS oder RECHTS.

Wichtig! Wenn der Hund seine Runde vollendet hat, wird er auf ein neues Kommando warten. Entscheidend ist für ihn nun, in welcher Position Sie zu ihm stehen. Stellen Sie sich immer rechtzeitig in die Position, aus der heraus Sie Ihrem Hund das nächste Kommando geben möchten. Achten Sie darauf, dass Ihr Hund Sie immer von vorne wahrnehmen kann, weil er die eingeübten Kommandos aus dieser Perspektive interpretiert. Wenden Sie ihm deshalb nicht den Rücken zu, wenn Sie ihm ein neues Kommando geben. Auch in Ihrer Position zwischen den Kreisen wenden Sie Ihrem Hund dann die äußere Schulter zu.

Ein großer Kreis mit kleinen Satelliten

Um Ihren Hund während des Longierens an einem großen Kreis um einen kleineren Kreis herumschicken zu können, müssen Sie ihm zunächst ein entsprechendes Kommando beibringen.

Das Kommando HERUM

Üben Sie dieses Kommando zunächst wieder ohne Longierkreis. Sie können beispielsweise an einem Baum beginnen:

Einzelschritte

1. Stellen Sie sich mit Ihrem Hund vor einen Baum und schicken Sie Ihn mit einer entsprechenden Handbewegung voraus, auf die eine Seite des Baumes zu. Wenn Ihr Hund links neben Ihnen steht oder sitzt, schicken Sie ihn mit Ihrer rechten Hand zur linken Seite des Baumes.

2. Sprechen Sie ein HERUM und führen Sie Ihren Hund mit der Hand bis zum Baum und ein Stückchen am Stamm vorbei.

3. Jetzt holen Sie ihn blitzschnell auf der anderen Seite des Baumes wieder ab, indem Sie Ihre rechte Hand von der anderen Seite des Baumes her vor die Nase Ihres Hundes halten und ihn quasi um den Baum herum wieder zu sich führen. Ein duftendes Leckerchen in der Hand hilft Ihnen bestimmt, Ihrem Hund den richtigen Weg zu weisen. Wenn Sie einen Clicker benutzen, dann clicken Sie schon in dem Moment, in dem Ihr Hund zur Kurve um den Baum ansetzt. Der Weg zurück zu Ihnen ist dann leicht.

4. Üben Sie das Kommando HERUM so lange an einem sehr schmalen Objekt, bis Ihr Hund auch ohne Ihre Führung sicher seine Runde dreht.

5. Versuchen Sie anschließend immer breitere Objekte zu finden: dickere Bäume, Grashügel, Misthaufen, runde Blumenbeete oder auch Tische, Sessel oder dicht nebeneinandergestellte Stuhlgruppen.

6. Nehmen Sie Ihren Hund dann auch an Ihre rechte Seite und führen Sie ihn mit Ihrer linken Hand von der anderen Seite um das Objekt. Das Kommando HERUM kann im Wortlaut das Gleiche bleiben, nur Ihr Sichtzeichen zeigt dem Hund die jeweils andere Richtung an.

7. Sobald Ihr Hund das HERUM sicher umsetzt, können Sie die Entfernung zu dem zu umkreisenden Objekt vergrößern oder ihn auch mal mehrere Objekte nacheinander umrunden lassen.

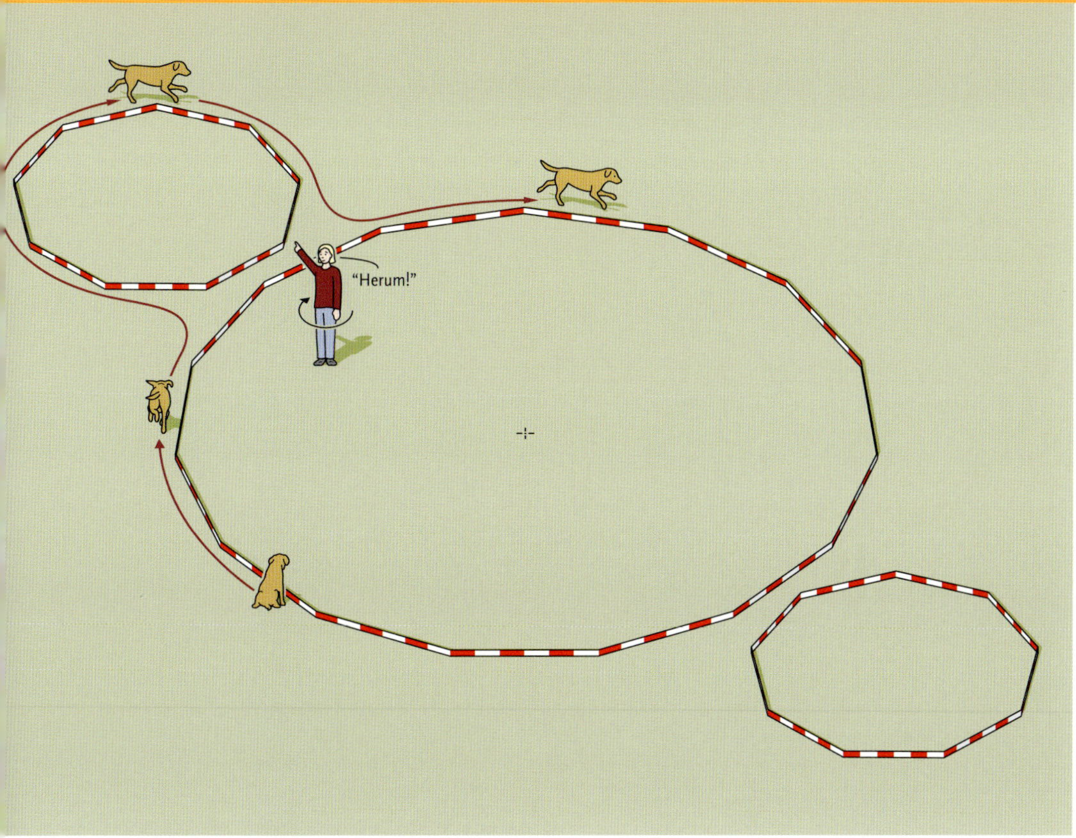

Anstelle von Agilitygeräten wie Hürden oder Tunnel werden hier als Varianten kleine Kreise an den Longierkreis gebaut

Zurück am Kreis

Bauen Sie für diese Spielvariante neben Ihren großen Kreis einen kleineren Longierkreis mit ca. 6 Metern Durchmesser auf. Je kleiner der Kreis ist, den der Hund umrunden soll, desto schwieriger ist dies für den Hund. Deshalb sollten alle Spielvarianten an kleineren Kreisen nicht zu ausgiebig an Kreisen geübt werden, die kleiner als 5 bis 6 Meter im Durchmesser sind.

Wenn Ihr Hund jetzt um den großen Kreis longiert und den kleineren Kreis zunächst ignoriert, können Sie ihn als Longiervariante einmal um den kleineren Kreis herumschicken, bevor er dann wieder am großen Kreis seine Runde fortsetzt.

Üben Sie auch diese Variante zunächst wieder nah an der Kreismarkierung und bauen Sie schrittweise mehr und mehr Distanz auf. Wie viele kleine Satelliten Sie schließlich um Ihren großen Kreis drapieren, bleibt ganz Ihnen und Ihren örtlichen Gegebenheiten und Möglichkeiten überlassen.

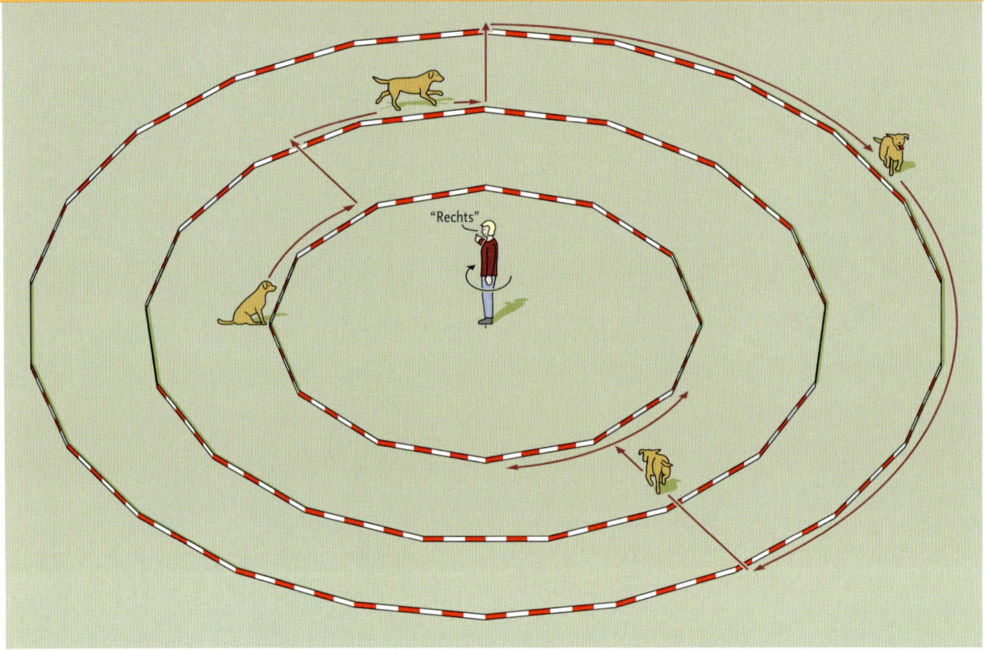

Auch das Spinnennetz ist eine Variante, die Sie einmal ausprobieren sollten: Vergessen Sie bitte nicht, zuvor Hör- und Sichtzeichen für die Kommandos RAUS und HERANKOMMEN einzuüben und mit dem Hund zu trainieren.

Mehrere Kreise um einen Mittelpunkt

Aus der Kombination der Kommandos RAUS und RECHTS beziehungsweise LINKS lässt sich eine weitere Longiervariante entwickeln. Bauen Sie hierzu um einen Kreismittelpunkt zunächst zwei, später auch drei Kreise auf. Der innere Kreis sollte im Durchmesser so der Größe Ihres Hundes angepasst sein, dass er diesen Kreis problemlos umrunden kann. Die zweite und dritte Kreismarkierung sollten dann jeweils einen Abstand von ca. 2 Metern zur inneren Kreismarkierung haben.

Wenn der Hund anfangs an der inneren Kreismarkierung longiert, können Sie ihn mit dem Kommando RAUS bis über

die zweite Markierung schicken und ihm dort eine neue Laufrichtung vorgeben. Ein erneutes RAUS bedeutet für den Hund, auch die dritte Kreismarkierung zu überspringen und nun am äußeren Kreis weiterzulongieren.

Ihr Hund hat zwar gelernt, beim Longieren niemals selbstständig nach innen in den Kreis zu springen. Ein Rückruf von seinem Menschen aber wird ihn dazu veranlassen, die äußere Kreismarkierung zu überqueren und auf seinen Menschen zuzulaufen. Ein rechtzeitiges Stoppsignal und ein LINKS oder RECHTS wird ihn dann wiederum zum Weiterlongieren an der nächsten Kreismarkierung auffordern.

Das Longieren mit mehreren Hunden

Bevor Sie mit mehreren Hunden am Kreis longieren, sollten Sie auf jeden Fall mit jedem einzelnen bereits ausgiebig trainiert haben.

Eine Alternative besteht darin, dass sich zwei Personen in den Kreis stellen und jeweils ihrem Hund die Longierkommandos geben. Bei dieser Variante können

Das Longieren mit mehreren Teams bietet zahlreiche Variationsmöglichkeiten – und eine Menge Spaß!

Sie sehr schön die Konzentration und Aufmerksamkeit Ihres Hundes auf Sie trainieren, weil der andere Hund eine ständige Ablenkung darstellt.
Optisch ist diese Form des Longierens ein absoluter Hingucker!
Zuzuschauen, wie mehrere Hunde um einen Kreis longieren, löst gleichermaßen Verblüffung wie Begeisterung aus. Obwohl sich die Wege der Hunde kreuzen, obwohl sie unterschiedliche Kommandos und Gangarten ausführen und obwohl sie jederzeit die Möglichkeit haben, sich zu verselbstständigen oder sich miteinander zu beschäftigen – die Konzentration der Hunde auf den jeweiligen Menschen lässt ein absolut harmonisches Gesamtbild entstehen.

Verschiedene Kreismarkierungen

Der Hütchenkreis

Wenn Sie das Band immer tiefer setzen und gleichzeitig Hütchen als Markierung unter das Band legen, wird Ihr Hund kaum merken, dass das Band irgendwann ganz verschwunden ist und nur noch ein paar Hütchen den Longierkreis markieren.
Ein Vorteil dieser Markierungsweise besteht darin, dass Sie für einen Kreisaufbau nur noch sehr wenige Utensilien benötigen und den Kreis in wenigen Minuten abgesteckt haben.

Freilongieren

Der Begriff „Freilongieren" bezeichnet das Longieren ohne jegliche Kreismarkierung.
Sobald Ihr Hund einen Hütchenkreis als Markierung akzeptiert, können Sie den Abstand der Hütchen vergrößern und immer mehr Hütchen entfernen, bis Ihr Hund schließlich nur noch um eine imaginäre Kreisgrenze läuft. Ein rein pragmatischer Vorteil besteht bei diesem Freilongieren natürlich darin, dass man keinerlei Utensilien mehr benötigt. In der Natur des Freilongierens liegt jedoch immer ein gewisses Maß an Ungenauigkeit, was sowohl das Einhalten der vorgegebenen Distanz als auch den kreisförmigen Lauf des Hundes angeht.

Longieren als Hundesport – immer mit Kreismarkierung

Wenn man das Longieren als Hundesport betreiben möchte, würde eine solche Ungenauigkeit die Möglichkeiten des Longierens stark beeinträchtigen. Im sportlichen Sinne bietet das Flatterband als Markierung die Möglichkeit, klare Regeln und Gestaltungsvarianten umzusetzen und zu beobachten. Ohne Kreismarkierung könnten sämtliche am Band eingeübten Bewegungsabläufe in der Ausführung als Longiersport-Element nur noch relativ willkürlich beurteilt werden.

Service

Die Autorinnen

Nadine Minkner ist Tierpsychologin und Hundetrainerin mit eigener Hundeschule. **Melanie Heinrichsen** arbeitet als Hundetrainerin in der „Hundeschule Minkner". Beide sind Expertinnen auf dem Gebiet des Hunde-Longierens und veranstalten Seminare und Kurse zum Thema Longieren. **Ariane König**, langjährige Hundehalterin und Verfasserin des Textes, ist von „ihren" Hundetrainerinnen und vom Longieren völlig begeistert.

Nadine Minkner und ihr Kelpie „Kiba".

Hier können Sie einen Longierkurs bei den Autorinnen buchen:
Hundeschule Minkner
Rumbachtal 33
45470 Mülheim
Telefon: 0208 / 3773019
http://www.hundeschule-minkner.de

Melanie Heinrichsen mit ihrem Aussie-Husky-Mix „Snow".

Ariane König und ihr Labrador „Phoebe".

Zum Weiterlesen

Bücher aus dem Kosmos-Verlag

Blenski, Christiane: **Hundespiele.** Frische Spielideen für fröhliche Hunde. Kosmos, 2007.

Blenski, Christiane: **Schnüffelspiele für Hunde.** Kosmos, 2009.

Bloch, Günther: **Der Wolf im Hundepelz.** Hundeerziehung aus unterschiedlichen Perspektiven. Kosmos, 2004.

Bloch, Günther: **Die Pizza-Hunde.** Freilandstudien an verwilderten Haushunden, Verhaltensvergleich mit Wölfen. Buch und DVD. Kosmos, 2007.

Bloch, Günther und Elli H. Radinger: **Wölfisch für Hundehalter.** Von Alpha, Dominanz und anderen populären Irrtümern. Kosmos, 2010.

Bucksch, Martin: **Ernährungsratgeber für Hunde.** Fit und gesund – Hunde richtig füttern. Kosmos, 2008.

Büttner-Vogt, Inge: **Spiel & Spaß mit Hund.** Beschäftigungsideen für zu Hause und unterwegs. Kosmos, 2008.

Doepp, Simone und Gabriele Metz: **Trick Dogs.** Coole Kunststücke für pfiffige Hunde. Kosmos, 2009.

Feddersen-Petersen, Dr. Dorit: **Ausdrucksverhalten beim Hund.** Mimik und Körpersprache, Kommunikation und Verständigung. Kosmos, 2008.

Feddersen-Petersen, Dr. Dorit: **Hundepsychologie.** Sozialverhalten und Wesen, Emotionen und Individualität. Kosmos, 2004.

Fichtlmeier, Anton: **Der Hund an der Leine.** Kommunikation und Signalübermittlung. Kosmos, 2007.

Fichtlmeier, Anton: **Grunderziehung für Welpen.** Kosmos, 2005.

Fisher, Sarah und Marie Miller: **100 Wege zum perfekt erzogenen Hund.** Übungen, Tricks und Spiele. Kosmos, 2009.

Führmann, Petra: **Erziehungsspiele für Hunde – für unterwegs.** Kosmos, 2010.

Führmann, Petra, Nicole Hoefs und Iris Franzke: **Kleine Hunde – große Freunde.** Kosmos, 2008.

Führmann, Petra, Nicole Hoefs und Iris Franzke: **Die Kosmos Welpenschule.** Kosmos, 2008.

Hoefs, Nicole und Petra Führmann: **Das Kosmos-Erziehungsprogramm für Hunde.** Kosmos, 2006.

Krauß, Katja: **Hunde erziehen mit dem Clicker.** Kosmos, 2010.

Nijboer, Jan: **Treibball für Hunde – für unterwegs.** Kosmos, 2010.

Nijboer, Jan: **Hunde beschäftigen mit Jan Nijboer.** Mit der Trendsportart Treibball. Kosmos, 2006.

Pietralla, Martin: **Clicker Training für Hunde – für unterwegs.** Kosmos, 2010.

Pryor, Karen: **Positiv bestärken, sanft erziehen.** Die verblüffende Methode, nicht nur für Hunde. Kosmos, 2006.

Rauth-Widmann, Brigitte: **Hundespiele.** Hunde motivieren und beschäftigen. Kosmos, 2009.

Rütter, Martin: **Hundetraining mit Martin Rütter.** Individuell – partnerschaftlich – leise – einfach. Kosmos, 2006.

Rütter, Martin: **Sprachkurs Hund.** Körpersprache verstehen, richtig kommunizieren. Kosmos, 2009.

Toll, Claudia: **Kommt nicht, gibt's nicht.** So klappt der Rückruf bei jedem Hund. Kosmos, 2009

Schneider, Dorothee: **Fährtentraining für Hunde.** Kosmos, 2005.

Siebertz, Susanne und Ilona von Treskow: **Wohlfühlspaß für Hunde.** Gesund, fit, aktiv. Kosmos, 2010

Nützliche Adressen

Deutschland

Deutscher Tierschutzbund e. V.
Baumschulallee 15
D - 53115 Bonn
Tel.: 0228 – 60 49 60
Fax: 0228 – 60 49 640
www.tierschutzbund.de

Verband für das Deutsche Hundewesen VDH e. V.
Westfalendamm 174
D - 44141 Dortmund
Tel.: 02 31 – 56 50 00
Fax: 02 31 – 59 24 40
Info@vdh.de
www.vdh.de

Österreich

Österreichischer Kynologenverband ÖKV
Siegfried-Marcus-Str. 7
A - 2362 Biedermannsdorf
Tel.: 0043 / 22 36 – 71 06 67
Fax: 0043 / 22 36 – 71 06 67 30
office@oekv.at
www.oekv.at

Schweiz

Schweizerische Kynologische Gesellschaft SKG
Länggassstr. 8
CH - 3012 Bern
Tel.: 0041 / 31 – 3 06 62 62
Fax: 0041 / 31 – 3 06 62 60
skg@hundeweb.org
www.hundeweb.org

Register

Ablenkung 8, 61 f.
Ablenkungsarme Umgebung 45
Abwechslung 7, 77
Agilityelemente 105
Akustische Signale 18, 36
Andere Hunde 107
Aufmerksamkeit 6, 43, 78
Ausbleibende Bestätigung 63
Äußere Einwirkung 52
Äußere Hand 21

Belohnung auf Distanz 69
Belohnungen abbauen 37
Belohnungsfallen 24 f.
Belohnungssystem 22, 36
Beschäftigungsmöglichkeit 8
Bestätigung 63
Beziehungsqualität 8
Bindungsintensive Kommunikation 9
Blickkontakt 35 f.

Clicker 12, 23, 36
Clickertraining 22

Desinteresse 35
Distanz 6
Distanzaufbau 84
Distanzvergrößerung 64, 67 ff.

Erfolg 39, 63
Erste Schritte 32 ff.
Erwünschtes Verhalten 22

Fairness 107
Falsche Signale 18
Flatterband 14
Fragen 40 f.
Freilongieren 120

Freizeitmöglichkeit 8
Futterbrocken 107

Galopp 81
Gangarten 80 ff.
Gehörlose Hunde 10
Geistige Auslastung 9
Gemeinsamer Start 96 ff.
Gezielte Ablenkung 107 ff.
Großer Kreis mit kleinen Satelliten 116 f.

Halsband 13
Handling der Leine 55
Hektik 45
Hinlaufen zu einem Zielobjekt 99 ff.
Höhe der Kreismarkierung 17
Hörzeichen 50 ff.
Hundesport 120
Hürden 105
Hütchenkreis 120

In den Kreis springen 40 f.
Innere Hand 21
Interesse wecken 8, 48

Kein Blickkontakt 42 f.
Kleidung 12
Kleine Hunde 82
Kommandos 38, 74 ff.
Kommunikation 6, 29
Komplette Distanz 71 ff.
Kontaktaufnahme 34 f.
Konzentration 9
Körperhaltung 29
Körperliche Auslastung 9
Körpersignale 45 f.
Körpersprache 9, 12, 18
Kreisaufbau 16 f.
Kreismarkierungen 32, 120
Kreismitte 96 ff.
Kreismittelpunkt 72 f.
Kreiswechsel 113

Laufbedürfnis 93
Laufrichtung 33 f.
Leckerlis 12
Leine 14
Lob 36
Lockmittel 25 f.
Longieren 6 ff.
Longieren an mehreren Kreisen 110 ff.
Longieren mit mehreren Hunden 119 f.
Longieren ohne Leine 60 ff.
Longierkreis 11, 16
Longiersituation 12
Longiertraining 6 f., 21

Markerwort 23, 36
Misserfolge 63
Misserfolge vermeiden 56

Nach-Vorne-Füttern 24
Nonverbale Kommunikation 18, 29

Orientierung 9

Passgang 81
Pause 39
Personen 107
Positive Erlebnisse 39
Probleme 40 f.

Rausschicken 26 f., 97 f.
Regulierung der Gangart 86
Richtig Belohnen 23
Richtungswechsel 28, 43
Richtungswechsel aus dem Sitz 50 ff.
Richtungswechsel aus der Bewegung 56 ff.

Schlangenlinien 68 ff.
Schleppleine 64 ff.
Schritt 80
Schulterhaltung 73

Shaping 99 ff.
Sichtzeichen 50 ff.
Slalomstangen 105
Spielvarianten 95 ff.
Spielzeug 13, 86 f., 107
Spinnennetz 118
Sport 8
Springen 27
Stehen bleiben 38

Tabuzone 6
Tempowechsel 80 ff.
Theorie 5 ff.
Timing 36, 44
Trab 80
Tricks 104
Trockenübungen ohne Hund 18 ff., 57 f.
Trödelei 46
Troubleshooting 40 ff.
Tunnel 105

Umgebung 12
Unaufmerksamkeit 86
Unerwartete Richtungswechsel 86
Unterbrechungswort 61 f.
Untergrund 11
Utensilien für den Hund 13 f.
Utensilien für den Menschen 12 f.

Verhalten verstärken 22
Verhaltensänderung 67
Vertrauen 71
Verweisen aus dem Kreis 78
Vom Boden fressen 46 f.
Voraussetzungen 10 ff.
Vorbereitungen 16 f.

Werfen des Spielzeugs 87 ff.

Ziehen 52
Zwischenstopp 28

Bildnachweis

96 Farbfotos wurden von Timo Ney extra für dieses Buch aufgenommen.
Weitere Farbfotos von Vivien Venzke / Kosmos (S. 54, 62, 63, 79, 92, 124, 125, 126)
Mit 14 Illustrationen von Wolfgang Lang und Cartoons von Angelika Schmohl.

Impressum

Umschlaggestaltung von eStudio Calamar unter Verwendung von Farbfotos von Timo Ney und Vivien Venzke / Kosmos.

Mit 104 Farbfotos.

Unser gesamtes lieferbares Programm und viele weitere Informationen zu unseren Büchern, Spielen, Experimentierkästen, DVD, Autoren und Aktivitäten finden Sie unter **www.kosmos.de**

Alle Angaben in diesem Buch erfolgen nach bestem Wissen und Gewissen. Sorgfalt bei der Umsetzung ist indes dennoch geboten. Autorinnen und Verlag übernehmen keinerlei Haftung für Personen-, Sach- und Vermögensschäden, die aus der Anwendung der vorgestellten Materialien und Methoden entstehen können.

ISBN 978-3-440-12284-6
Redaktion: Ute-Kristin Schmalfuß
Gestaltungskonzept: eStudio Calamar
Gestaltung und Satz: Atelier Krohmer, Dettingen
Produktion: Eva Schmidt
Printed in Germany / Imprimé en Allemagne

FSC
Mix
Produktgruppe aus vorbildlich bewirtschafteten Wäldern, kontrollierten Herkünften und Recyclingholz oder -fasern
Zert.-Nr. SGS-COC-003210
www.fsc.org
© 1996 Forest Stewardship Council